ADDITION FACTS
MATH PRACTICE WORKBOOK

ARITHMETIC WORKBOOK WITH ANSWERS

More than 3100 addition facts and exercises to help children enhance their elementary addition skill

By Shobha

Table of Contents

Did You Know?

> Addition is bringing two or more things (or numbers) together to make a new total.

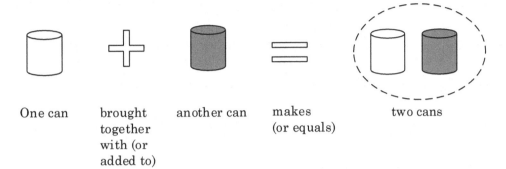

| One can | brought together with (or added to) | another can | makes (or equals) | two cans |

In numbers:

$$1 \quad + \quad 1 \quad = \quad 2$$

> If we add two numbers, it does not matter which number is first or second. The result is always the same. This is also called Commutative Property.

For example:

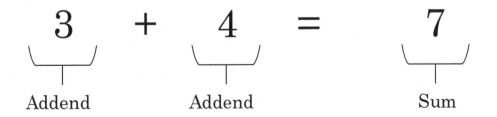

$$1 + 2 = 3$$

$$2 + 1 = 3$$

> The other names for addition are **Sum**, **Plus**, **Increment**, **Total** The numbers being added are called **Addends**.

$$3 \quad + \quad 4 \quad = \quad 7$$

Addend   Addend   Sum

Addition Strategies

> Break the numbers into tens and units, add tens last.

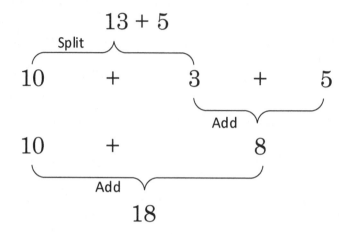

> Use the number line and count upwards.

13 + 5

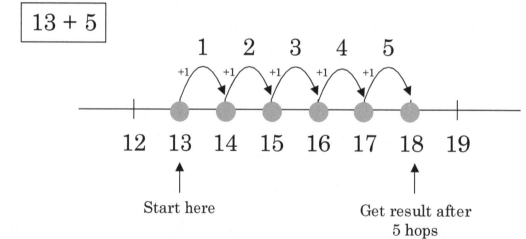

> If we have to do 5 + 13, we can make a jump by 10 and then use the number line to help us solve the problem.

5 + 13 = 5 + 10 + 3

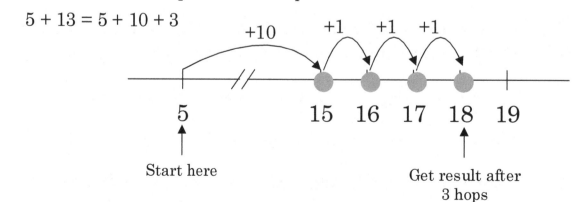

SET I Date: _____ Start: _____ Finish: _____ Score: _____

1
```
    6
+   0
─────
    6
```

2
```
  1 0
+   0
─────
  1 0
```

3
```
    2
+   0
─────
    2
```

4
```
    7
+   0
─────
    7
```

5
```
    5
+   0
─────
    5
```

6
```
    8
+   0
─────
    8
```

7
```
    1
+   0
─────
    1
```

8
```
    0
+   0
─────
    0
```

9
```
    3
+   0
─────
    3
```

10
```
    9
+   0
─────
    9
```

11
```
    4
+   0
─────
    4
```

12
```
    8
+   0
─────
    8
```

13
```
    9
+   0
─────
    9
```

14
```
    5
+   0
─────
    5
```

15
```
    3
+   0
─────
    3
```

16
```
    4
+   0
─────
    4
```

17
```
    6
+   0
─────
    6
```

18
```
  1 0
+   0
─────
  1 0
```

SET II Date: 2/3/18 Start: _____ Finish: _____ Score: _____

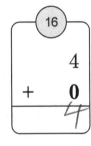

1
```
    1
+   0
─────
    1
```

2
```
    7
+   0
─────
    7
```

3
```
    2
+   0
─────
    2
```

4
```
    0
+   0
─────
    0
```

5
```
    4
+   0
─────
    4
```

6
```
    5
+   0
─────
    5
```

7
```
  1 0
+   0
─────
  1 0
```

8
```
    8
+   0
─────
    8
```

9
```
    3
+   0
─────
    3
```

10
```
    2
+   0
─────
    2
```

11
```
    6
+   0
─────
    6
```

12
```
    0
+   0
─────
    0
```

13
```
    1
+   0
─────
    1
```

14
```
    7
+   0
─────
    7
```

15
```
    9
+   0
─────
    9
```

16
```
    4
+   0
─────
    4
```

17
```
    0
+   0
─────
    0
```

18
```
    9
+   0
─────
    9
```

SET I   Date: _____   Start: _____   Finish: _____   Score: _____

1
```
    7
+   0
─────
    7
```

2
```
  1 0
+   0
─────
  1 0
```

3
```
    8
+   0
─────
    8
```

4
```
    0
+   0
─────
    0
```

5
```
    5
+   0
─────
    5
```

6
```
    9
+   0
─────
    9
```

7
```
    2
+   0
─────
    2
```

8
```
    3
+   0
─────
    3
```

9
```
    1
+   0
─────
    1
```

10
```
    6
+   0
─────
    6
```

11
```
    4
+   0
─────
    4
```

12
```
    2
+   0
─────
    2
```

13
```
    7
+   0
─────
    7
```

14
```
    0
+   0
─────
    0
```

15
```
    6
+   0
─────
    6
```

16
```
    9
+   0
─────
    9
```

17
```
    8
+   0
─────
    8
```

18
```
    1
+   0
─────
    1
```

SET II   Date: _____   Start: _____   Finish: _____   Score: _____

1
```
    5
+   0
─────
    5
```

2
```
  1 0
+   0
─────
  1 0
```

3
```
    4
+   0
─────
    4
```

4
```
    3
+   0
─────
    3
```

5
```
    5
+   0
─────
    5
```

6
```
    7
+   0
─────
    7
```

7
```
    3
+   0
─────
    3
```

8
```
    2
+   0
─────
    2
```

9
```
    1
+   0
─────
    1
```

10
```
    0
+   0
─────
    0
```

11
```
  1 0
+   0
─────
  1 0
```

12
```
    9
+   0
─────
    9
```

13
```
    6
+   0
─────
    6
```

14
```
    4
+   0
─────
    4
```

15
```
    8
+   0
─────
    8
```

16
```
    9
+   0
─────
    9
```

17
```
    3
+   0
─────
    3
```

18
```
  1 0
+   0
─────
  1 0
```

SET I Date: _____ Start: _____ Finish: _____ Score: _____

1	2	3	4	5	6
1 0 + 1 *11*	4 + 1 *5*	3 + 1 *4*	9 + 1 *10*	7 + 1 *8*	8 + 1 *9*

7	8	9	10	11	12
5 + 1 *6*	0 + 1 *1*	6 + 1 *7*	1 + 1 *2*	2 + 1 *3*	4 + 1 *5*

13	14	15	16	17	18
6 + 1 *7*	1 0 + 1 *11*	8 + 1 *9*	2 + 1 *3*	7 + 1 *8*	0 + 1 *1*

SET II Date: _____ Start: _____ Finish: _____ Score: _____

1	2	3	4	5	6
9 + 1 *10*	3 + 1 *4*	5 + 1 *6*	1 + 1 *2*	1 + 1 *2*	1 0 + 1 *11*

7	8	9	10	11	12
5 + 1 *6*	6 + 1 *7*	8 + 1 *9*	9 + 1 *10*	2 + 1 *3*	7 + 1 *8*

13	14	15	16	17	18
0 + 1 *1*	3 + 1 *4*	4 + 1 *5*	1 0 + 1 *11*	7 + 1 *8*	8 + 1 *9*

SET I   Date:_____   Start:_____   Finish:_____   Score:_____

1	2	3	4	5	6
6 + 1 **7**	1 + 1 **2**	2 + 1 **3**	4 + 1 **5**	3 + 1 **4**	9 + 1 **10**

7	8	9	10	11	12
1 0 + 1 **11**	8 + 1 **9**	5 + 1 **6**	0 + 1 **1**	7 + 1 **8**	1 0 + 1 **11**

13	14	15	16	17	18
8 + 1 **9**	5 + 1 **6**	6 + 1 **7**	7 + 1 **8**	2 + 1 **3**	0 + 1 **1**

SET II   Date:_____   Start:_____   Finish:_____   Score:_____

1	2	3	4	5	6
9 + 1 **10**	1 + 1 **2**	3 + 1 **4**	4 + 1 **5**	6 + 1 **7**	5 + 1 **6**

7	8	9	10	11	12
2 + 1 **3**	3 + 1 **4**	0 + 1 **1**	1 + 1 **2**	4 + 1 **5**	8 + 1 **9**

13	14	15	16	17	18
1 0 + 1 **11**	9 + 1 **10**	7 + 1 **8**	4 + 1 **3**	3 + 1 **4**	2 + 1 **3**

SET I   Date: _____   Start: _____   Finish: _____   Score: _____

1.
$$\begin{array}{r} 8 \\ +\ 2 \\ \hline 10 \end{array}$$

2.
$$\begin{array}{r} 4 \\ +\ 2 \\ \hline 6 \end{array}$$

3.
$$\begin{array}{r} 7 \\ +\ 2 \\ \hline 9 \end{array}$$

4.
$$\begin{array}{r} 6 \\ +\ 2 \\ \hline 8 \end{array}$$

5.
$$\begin{array}{r} 1 \\ +\ 2 \\ \hline 7 \end{array}$$

6.
$$\begin{array}{r} 5 \\ +\ 2 \\ \hline 7 \end{array}$$

7.
$$\begin{array}{r} 0 \\ +\ 2 \\ \hline 2 \end{array}$$

8.
$$\begin{array}{r} 1\ 0 \\ +\ 2 \\ \hline 12 \end{array}$$

9.
$$\begin{array}{r} 3 \\ +\ 2 \\ \hline 5 \end{array}$$

10.
$$\begin{array}{r} 2 \\ +\ 2 \\ \hline 4 \end{array}$$

11.
$$\begin{array}{r} 9 \\ +\ 2 \\ \hline 11 \end{array}$$

12.
$$\begin{array}{r} 2 \\ +\ 2 \\ \hline 4 \end{array}$$

13.
$$\begin{array}{r} 0 \\ +\ 2 \\ \hline 2 \end{array}$$

14.
$$\begin{array}{r} 1 \\ +\ 2 \\ \hline 3 \end{array}$$

15.
$$\begin{array}{r} 5 \\ +\ 2 \\ \hline 7 \end{array}$$

16.
$$\begin{array}{r} 3 \\ +\ 2 \\ \hline 5 \end{array}$$

17.
$$\begin{array}{r} 8 \\ +\ 2 \\ \hline 10 \end{array}$$

18.
$$\begin{array}{r} 1\ 0 \\ +\ 2 \\ \hline 12 \end{array}$$

SET II   Date: 25/4/18   Start: _____   Finish: _____   Score: _____

1.
$$\begin{array}{r} 6 \\ +\ 2 \\ \hline 8 \end{array}$$

2.
$$\begin{array}{r} 7 \\ +\ 2 \\ \hline 9 \end{array}$$

3.
$$\begin{array}{r} 4 \\ +\ 2 \\ \hline 6 \end{array}$$

4.
$$\begin{array}{r} 9 \\ +\ 2 \\ \hline 11 \end{array}$$

5.
$$\begin{array}{r} 0 \\ +\ 2 \\ \hline 2 \end{array}$$

6.
$$\begin{array}{r} 4 \\ +\ 2 \\ \hline 6 \end{array}$$

7.
$$\begin{array}{r} 5 \\ +\ 2 \\ \hline 7 \end{array}$$

8.
$$\begin{array}{r} 6 \\ +\ 2 \\ \hline 8 \end{array}$$

9.
$$\begin{array}{r} 1 \\ +\ 2 \\ \hline 3 \end{array}$$

10.
$$\begin{array}{r} 8 \\ +\ 2 \\ \hline 10 \end{array}$$

11.
$$\begin{array}{r} 3 \\ +\ 2 \\ \hline 5 \end{array}$$

12.
$$\begin{array}{r} 1\ 0 \\ +\ 2 \\ \hline 12 \end{array}$$

13.
$$\begin{array}{r} 9 \\ +\ 2 \\ \hline 11 \end{array}$$

14.
$$\begin{array}{r} 2 \\ +\ 2 \\ \hline 4 \end{array}$$

15.
$$\begin{array}{r} 7 \\ +\ 2 \\ \hline 9 \end{array}$$

16.
$$\begin{array}{r} 8 \\ +\ 2 \\ \hline 10 \end{array}$$

17.
$$\begin{array}{r} 1 \\ +\ 2 \\ \hline 3 \end{array}$$

18.
$$\begin{array}{r} 2 \\ +\ 2 \\ \hline 4 \end{array}$$

Addition Facts

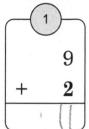

SET I   Date: _____   Start: _____   Finish: _____   Score: _____

1
```
    9
+   2
─────
   11
```

2
```
  1 0
+   2
─────
   12
```

3
```
    1
+   2
─────
    3
```

4
```
    4
+   2
─────
    6
```

5
```
    3
+   2
─────
    5
```

6
```
    7
+   2
─────
    9
```

7
```
    8
+   2
─────
   10
```

8
```
    5
+   2
─────
    7
```

9
```
    2
+   2
─────
    4
```

10
```
    6
+   2
─────
    8
```

11
```
    0
+   2
─────
    2
```

12
```
    4
+   2
─────
    6
```

13
```
    3
+   2
─────
    5
```

14
```
  1 0
+   2
─────
   12
```

15
```
    9
+   2
─────
   11
```

16
```
    0
+   2
─────
    2
```

17
```
    7
+   2
─────
    9
```

18
```
    8
+   2
─────
   10
```

SET II   Date: _____   Start: _____   Finish: _____   Score: _____

1
```
    6
+   2
─────
    8
```

2
```
    2
+   2
─────
    4
```

3
```
    5
+   2
─────
    7
```

4
```
    1
+   2
─────
    3
```

5
```
    3
+   2
─────
    5
```

6
```
    2
+   2
─────
    4
```

7
```
    1
+   2
─────
    3
```

8
```
    4
+   2
─────
    6
```

9
```
    9
+   2
─────
   11
```

10
```
    5
+   2
─────
    7
```

11
```
    6
+   2
─────
    8
```

12
```
  1 0
+   2
─────
   12
```

13
```
    7
+   2
─────
    9
```

14
```
    8
+   2
─────
   16
```

15
```
    0
+   2
─────
    2
```

16
```
    9
+   2
─────
   11
```

17
```
    0
+   2
─────
    2
```

18
```
    8
+   2
─────
   20
```

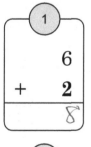
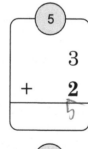

SET I   Date: _____   Start: _____   Finish: 1:03   Score: _____

1	2	3	4	5	6
$\begin{array}{r} 1\,0 \\ +\ 2 \\ \hline \end{array}$ *12*	$\begin{array}{r} 2 \\ +\ 2 \\ \hline \end{array}$ *4*	$\begin{array}{r} 4 \\ +\ 2 \\ \hline \end{array}$ *6*	$\begin{array}{r} 6 \\ +\ 2 \\ \hline \end{array}$ *8*	$\begin{array}{r} 7 \\ +\ 2 \\ \hline \end{array}$ *9*	$\begin{array}{r} 9 \\ +\ 2 \\ \hline \end{array}$ *11*

7	8	9	10	11	12
$\begin{array}{r} 3 \\ +\ 2 \\ \hline \end{array}$ *5*	$\begin{array}{r} 8 \\ +\ 2 \\ \hline \end{array}$ *10*	$\begin{array}{r} 1 \\ +\ 2 \\ \hline \end{array}$ *3*	$\begin{array}{r} 5 \\ +\ 2 \\ \hline \end{array}$ *7*	$\begin{array}{r} 0 \\ +\ 2 \\ \hline \end{array}$ *2*	$\begin{array}{r} 0 \\ +\ 2 \\ \hline \end{array}$ *2*

13	14	15	16	17	18
$\begin{array}{r} 4 \\ +\ 2 \\ \hline \end{array}$ *6*	$\begin{array}{r} 9 \\ +\ 2 \\ \hline \end{array}$ *11*	$\begin{array}{r} 5 \\ +\ 2 \\ \hline \end{array}$ *7*	$\begin{array}{r} 7 \\ +\ 2 \\ \hline \end{array}$ *9*	$\begin{array}{r} 6 \\ +\ 2 \\ \hline \end{array}$ *8*	$\begin{array}{r} 3 \\ +\ 2 \\ \hline \end{array}$ *5*

SET II   Date: _____   Start: _____   Finish: 53   Score: _____

1	2	3	4	5	6
$\begin{array}{r} 1 \\ +\ 2 \\ \hline \end{array}$ *3*	$\begin{array}{r} 8 \\ +\ 2 \\ \hline \end{array}$ *10*	$\begin{array}{r} 2 \\ +\ 2 \\ \hline \end{array}$ *4*	$\begin{array}{r} 1\,0 \\ +\ 2 \\ \hline \end{array}$ *12*	$\begin{array}{r} 2 \\ +\ 2 \\ \hline \end{array}$ *4*	$\begin{array}{r} 1\,0 \\ +\ 2 \\ \hline \end{array}$ *12*

7	8	9	10	11	12
$\begin{array}{r} 4 \\ +\ 2 \\ \hline \end{array}$ *6*	$\begin{array}{r} 8 \\ +\ 2 \\ \hline \end{array}$ *10*	$\begin{array}{r} 9 \\ +\ 2 \\ \hline \end{array}$ *11* 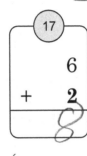	$\begin{array}{r} 7 \\ +\ 2 \\ \hline \end{array}$ *9* 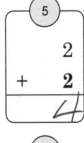	$\begin{array}{r} 1 \\ +\ 2 \\ \hline \end{array}$ *3*	$\begin{array}{r} 5 \\ +\ 2 \\ \hline \end{array}$ *7*

13	14	15	16	17	18
$\begin{array}{r} 6 \\ +\ 2 \\ \hline \end{array}$ *8*	$\begin{array}{r} 3 \\ +\ 2 \\ \hline \end{array}$ *5*	$\begin{array}{r} 0 \\ +\ 2 \\ \hline \end{array}$ *2* 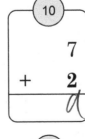	$\begin{array}{r} 4 \\ +\ 2 \\ \hline \end{array}$ *0*	$\begin{array}{r} 5 \\ +\ 2 \\ \hline \end{array}$ *7*	$\begin{array}{r} 2 \\ +\ 2 \\ \hline \end{array}$ *4*

SET I Date: _____ Start: _____ Finish: _____ Score: _____

1
```
    3
+   2
─────
    5
```

2
```
    4
+   2
─────
    6
```

3
```
    2
+   2
─────
    4
```

4
```
    9
+   2
─────
   11
```

5
```
    6
+   2
─────
    8
```

6
```
    0
+   2
─────
    2
```

7
```
    5
+   2
─────
    7
```

8
```
    8
+   2
─────
   10
```

9
```
  1 0
+   2
─────
   12
```

10
```
    7
+   2
─────
    9
```

11
```
    1
+   2
─────
    3
```

12
```
    8
+   2
─────
   10
```

13
```
    5
+   2
─────
    7
```

14
```
    6
+   2
─────
    8
```

15
```
    4
+   2
─────
    6
```

16
```
  1 0
+   2
─────
   12
```

17
```
    9
+   2
─────
   11
```

18
```
    2
+   2
─────
    4
```

SET II Date: _____ Start: _____ Finish: _____ Score: _____

1
```
    3
+   2
─────
    5
```

2
```
    0
+   2
─────
    2
```

3
```
    1
+   2
─────
    3
```

4
```
    7
+   2
─────
    9
```

5
```
    9
+   2
─────
   11
```

6
```
    8
+   2
─────
   10
```

7
```
    0
+   2
─────
    2
```

8
```
    5
+   2
─────
    7
```

9
```
    7
+   2
─────
    9
```

10
```
    6
+   2
─────
    8
```

11
```
    2
+   2
─────
    4
```

12
```
    4
+   2
─────
    6
```

13
```
    1
+   2
─────
    3
```

14
```
    3
+   2
─────
    5
```

15
```
  1 0
+   2
─────
   12
```

16
```
    0
+   2
─────
    1
```

17
```
    3
+   2
─────
    5
```

18
```
    6
+   2
─────
    8
```

SET I   Date: _____   Start: _____   Finish: _____   Score: _____

1	2	3	4	5	6
7 + 3 *16*	6 + 3 *9*	2 + 3 *5*	8 + 3 *11*	5 + 3 *8*	9 + 3 *12*

7	8	9	10	11	12
1 0 + 3 *13*	1 + 3 *4*	3 + 3 *6*	0 + 3 *3*	4 + 3 *7*	9 + 3 *12*

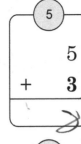
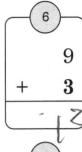

13	14	15	16	17	18
8 + 3 *11*	2 + 3 *5*	1 0 + 3 *13*	6 + 3 *9*	1 + 3 *4*	7 + 3 *10*

SET II   Date: _____   Start: _____   Finish: _____   Score: _____

1	2	3	4	5	6
0 + 3 *3*	5 + 3 *8*	3 + 3 *6*	4 + 3 *7*	7 + 3 *10*	9 + 3 *12*

7	8	9	10	11	12
3 + 3 *6*	1 0 + 3 *13*	1 + 3 *4*	8 + 3 *11*	5 + 3 *8*	0 + 3 *3*

13	14	15	16	17	18
4 + 3 *7*	6 + 3 *1*	2 + 3 *5*	4 + 3 *7*	2 + 3 *5*	6 + 3 *9*

SET I   Date: _____   Start: _____   Finish: _____   Score: _____

1	2	3	4	5	6
1 0 + 3 13	1 + 3 4	5 + 3 8	7 + 3 10	8 + 3 11	0 + 3 3

7	8	9	10	11	12
2 + 3 5	3 + 3 6	6 + 3 9	4 + 3 7	9 + 3 12	9 + 3 12

13	14	15	16	17	18
8 + 3 11	6 + 3 9	1 + 3 4	1 0 + 3 13	4 + 3 7	5 + 3 8

SET II   Date: _____   Start: _____   Finish: _____   Score: 100

1	2	3	4	5	6
3 + 3 6	7 + 3 10	0 + 3 3	2 + 3 5	7 + 3 10	4 + 3 7

7	8	9	10	11	12
8 + 3 11	5 + 3 8	9 + 3 12	1 0 + 3 13	1 + 3 4	6 + 3 9

13	14	15	16	17	18
3 + 3 6	2 + 3 5	0 + 3 3	6 + 3 9	8 + 3 11	2 + 3 6

SET I   Date: _____   Start: _____   Finish: _____   Score: _____

1	2	3	4	5	6
0 + 3 = 3	4 + 3 = 7	10 + 3 = 13	2 + 3 = 5	3 + 3 = 6	9 + 3 = 12

7	8	9	10	11	12
8 + 3 = 11	5 + 3 = 8	6 + 3 = 9	7 + 3 = 10	1 + 3 = 4	0 + 3 = 3

13	14	15	16	17	18
7 + 3 = 10	2 + 3 = 5	3 + 3 = 6	10 + 3 = 13	9 + 3 = 12	6 + 3 = 9

SET II   Date: _____   Start: _____   Finish: _____   Score: _____

1	2	3	4	5	6
5 + 3 = 8	8 + 3 = 11	4 + 3 = 7	1 + 3 = 4	10 + 3 = 13	2 + 3 = 5

7	8	9	10	11	12
9 + 3 = 12	8 + 3 = 11	3 + 3 = 6	0 + 3 = 3	7 + 3 = 10	5 + 3 = 8

13	14	15	16	17	18
4 + 3 = 7	6 + 3 = 9	1 + 3 = 4	7 + 3 = 10	6 + 3 = 9	5 + 3 = 8

SET I   Date:_____   Start:_____   Finish:_____   Score:_____

1	2	3	4	5	6
9 + 3 *12*	6 + 3 *a*	2 + 3 *5*	1 + 3 *4*	8 + 3 *11*	5 + 3 *8*

7	8	9	10	11	12
0 + 3 *3*	1 0 + 3 *13*	3 + 3 *6*	4 + 3 *7*	7 + 3 *10*	4 + 3 *7*

13	14	15	16	17	18
9 + 3 *12*	6 + 3 *a*	7 + 3 *10*	3 + 3 *6*	2 + 3 *5*	5 + 3 *8*

SET II   Date:_____   Start:_____   Finish:_____   Score:_____

1	2	3	4	5	6
1 0 + 3 *13*	8 + 3 *11*	1 + 3 *4*	0 + 3 *3*	8 + 3 *11*	1 0 + 3 *13*

7	8	9	10	11	12
7 + 3 *10*	9 + 3 *12*	5 + 3 *8*	4 + 3 *7*	0 + 3 *3*	6 + 3 *a*

13	14	15	16	17	18
1 + 3 *4*	3 + 3 *6*	2 + 3 *5*	0 + 3 *3*	5 + 3 *8*	7 + 3 *10*

SET I   Date: _____   Start: _____   Finish: _____   Score: _____

1	2	3	4	5	6
1 + 4 *5*	7 + 4 *11*	1 0 + 4 *14*	8 + 4 *12*	2 + 4 *6*	③ + 4 *7*

7	8	9	10	11	12
0 + 4 *4*	4 + 4 *8*	9 + 4 *13*	6 + 4 *10*	5 + 4 *9*	9 + 4 *13*

13	14	15	16	17	18
4 + 4 *8*	8 + 4 *12*	1 0 + 4 *14*	3 + 4 *7*	1 + 4 *5*	0 + 4 *4*

SET II   Date: _____   Start: _____   Finish: _____   Score: _____

1	2	3	4	5	6
5 + 4 *9*	7 + 4 *11*	2 + 4 *6*	6 + 4 *10*	6 + 4 *10*	5 + 4 *9*

7	8	9	10	11	12
1 0 + 4 *14*	7 + 4 *11*	0 + 4 *4*	9 + 4 *13*	1 + 4 *5*	2 + 4 *6*

13	14	15	16	17	18
4 + 4 *8*	8 + 4 *12*	3 + 4 *7*	1 0 + 4 *14*	9 + 4 *13*	2 + 4 *6*

Practice: Adding 4 (up to 10 + 4)

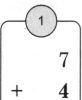 **SET I**   Date: _____   Start: _____   Finish: _____   Score: _____

1
```
    7
+   4
―――
   11
```

2
```
    8
+   4
―――
   12
```

3
```
    3
+   4
―――
    7
```

4
```
    5
+   4
―――
    9
```

5
```
    1
+   4
―――
    5
```

6
```
    9
+   4
―――
   13
```

7
```
   1 0
+    4
―――
   14
```

8
```
    0
+   4
―――
    4
```

9
```
    4
+   4
―――
    8
```

10
```
    6
+   4
―――
   10
```

11
```
    2
+   4
―――
    6
```

12
```
    5
+   4
―――
    9
```

13
```
    2
+   4
―――
    6
```

14
```
    1
+   4
―――
    5
```

15
```
   1 0
+    4
―――
   14
```

16
```
    4
+   4
―――
    8
```

17
```
    9
+   4
―――
   13
```

18
```
    3
+   4
―――
    7
```

SET II   Date: _____   Start: _____   Finish: _____   Score: _____

1
```
    7
+   4
―――
   11
```

2
```
    6
+   4
―――
   10
```

3
```
    8
+   4
―――
   12
```

4
```
    0
+   4
―――
    4
```

5
```
    9
+   4
―――
   13
```

6
```
    7
+   4
―――
   11
```

7
```
    5
+   4
―――
    9
```

8
```
   1 0
+    4
―――
   14
```

9
```
    0
+   4
―――
    4
```

10
```
    8
+   4
―――
   12
```

11
```
    3
+   4
―――
    7
```

12
```
    2
+   4
―――
    6
```

13
```
    6
+   4
―――
   10
```

14
```
    1
+   4
―――
    3
```

15
```
    4
+   4
―――
    8
```

16
```
    5
+   4
―――
    9
```

17
```
    1
+   4
―――
    5
```

18
```
    4
+   4
―――
    8
```

Addition Facts

SET I Date: _____ Start: _____ Finish: _____ Score: _____

1.
$$\begin{array}{r} 7 \\ + \quad 4 \\ \hline 11 \end{array}$$

2.
$$\begin{array}{r} 0 \\ + \quad 4 \\ \hline 4 \end{array}$$

3.
$$\begin{array}{r} 2 \\ + \quad 4 \\ \hline 6 \end{array}$$

4.
$$\begin{array}{r} 8 \\ + \quad 4 \\ \hline 12 \end{array}$$

5.
$$\begin{array}{r} 1\ 0 \\ + \quad 4 \\ \hline 14 \end{array}$$

6.
$$\begin{array}{r} 6 \\ + \quad 4 \\ \hline 10 \end{array}$$

7.
$$\begin{array}{r} 5 \\ + \quad 4 \\ \hline 9 \end{array}$$

8.
$$\begin{array}{r} 9 \\ + \quad 4 \\ \hline 13 \end{array}$$

9.
$$\begin{array}{r} 4 \\ + \quad 4 \\ \hline 8 \end{array}$$

10.
$$\begin{array}{r} 1 \\ + \quad 4 \\ \hline 5 \end{array}$$

11.
$$\begin{array}{r} 3 \\ + \quad 4 \\ \hline 7 \end{array}$$

12.
$$\begin{array}{r} 8 \\ + \quad 4 \\ \hline 12 \end{array}$$

13.
$$\begin{array}{r} 5 \\ + \quad 4 \\ \hline 9 \end{array}$$

14.
$$\begin{array}{r} 0 \\ + \quad 4 \\ \hline 4 \end{array}$$

15.
$$\begin{array}{r} 3 \\ + \quad 4 \\ \hline 7 \end{array}$$

16.
$$\begin{array}{r} 7 \\ + \quad 4 \\ \hline 11 \end{array}$$

17.
$$\begin{array}{r} 1\ 0 \\ + \quad 4 \\ \hline 14 \end{array}$$

18.
$$\begin{array}{r} 9 \\ + \quad 4 \\ \hline 13 \end{array}$$

SET II Date: _____ Start: _____ Finish: _____ Score: _____

1.
$$\begin{array}{r} 2 \\ + \quad 4 \\ \hline 6 \end{array}$$

2.
$$\begin{array}{r} 6 \\ + \quad 4 \\ \hline 10 \end{array}$$

3.
$$\begin{array}{r} 1 \\ + \quad 4 \\ \hline 5 \end{array}$$

4.
$$\begin{array}{r} 4 \\ + \quad 4 \\ \hline 8 \end{array}$$

5.
$$\begin{array}{r} 8 \\ + \quad 4 \\ \hline 12 \end{array}$$

6.
$$\begin{array}{r} 7 \\ + \quad 4 \\ \hline 11 \end{array}$$

7.
$$\begin{array}{r} 6 \\ + \quad 4 \\ \hline 10 \end{array}$$

8.
$$\begin{array}{r} 2 \\ + \quad 4 \\ \hline 6 \end{array}$$

9.
$$\begin{array}{r} 5 \\ + \quad 4 \\ \hline 9 \end{array}$$

10.
$$\begin{array}{r} 3 \\ + \quad 4 \\ \hline 7 \end{array}$$

11.
$$\begin{array}{r} 1 \\ + \quad 4 \\ \hline 5 \end{array}$$

12.
$$\begin{array}{r} 1\ 0 \\ + \quad 4 \\ \hline 14 \end{array}$$

13.
$$\begin{array}{r} 4 \\ + \quad 4 \\ \hline 8 \end{array}$$

14.
$$\begin{array}{r} 9 \\ + \quad 4 \\ \hline 13 \end{array}$$

15.
$$\begin{array}{r} 0 \\ + \quad 4 \\ \hline 4 \end{array}$$

16.
$$\begin{array}{r} 5 \\ + \quad 4 \\ \hline 9 \end{array}$$

17.
$$\begin{array}{r} 2 \\ + \quad 4 \\ \hline 6 \end{array}$$

18.
$$\begin{array}{r} 1 \\ + \quad 4 \\ \hline 5 \end{array}$$

SET I   Date: _____   Start: _____   Finish: _____   Score: _____

1.
```
    5
+   4
─────
    9
```

2.
```
    0
+   4
─────
    4
```

3.
```
    2
+   4
─────
    6
```

4.
```
    8
+   4
─────
   12
```

5.
```
    7
+   4
─────
   11
```

6.
```
    9
+   4
─────
   13
```

7.
```
    6
+   4
─────
    2
```

8.
```
    4
+   4
─────
    0
```

9.
```
  1 0
+   4
─────
    6
```

10.
```
    3
+   4
─────
    7
```

11.
```
    1
+   4
─────
    5
```

12.
```
    7
+   4
─────
   11
```

13.
```
    2
+   4
─────
    6
```

14.
```
    1
+   4
─────
    5
```

15.
```
  1 0
+   4
─────
   14
```

16.
```
    3
+   4
─────
    7
```

17.
```
    0
+   4
─────
    4
```

18.
```
    9
+   4
─────
   13
```

SET II   Date: _____   Start: _____   Finish: _____   Score: _____

1.
```
    5
+   4
─────
    9
```

2.
```
    4
+   4
─────
    8
```

3.
```
    6
+   4
─────
   10
```

4.
```
    8
+   4
─────
   13
```

5.
```
    2
+   4
─────
    6
```

6.
```
    1
+   4
─────
    5
```

7.
```
  1 0
+   4
─────
   14
```

8.
```
    3
+   4
─────
    1
```

9.
```
    0
+   4
─────
    4
```

10.
```
    8
+   4
─────
   12
```

11.
```
    9
+   4
─────
   13
```

12.
```
    5
+   4
─────
    9
```

13.
```
    4
+   4
─────
    8
```

14.
```
    7
+   4
─────
   11
```

15.
```
    6
+   4
─────
   10
```

16.
```
    2
+   4
─────
    6
```

17.
```
    5
+   4
─────
    9
```

18.
```
    8
+   4
─────
   12
```

SET I   Date: _____   Start: _____   Finish: _____   Score: _____

1	2	3	4	5	6
6 + 5 **11**	5 + 5 **10**	1 0 + 5 **15**	8 + 5 **13**	9 + 5 **14**	3 + 5 **8**

7	8	9	10	11	12
2 + 5 **7**	4 + 5 **9**	0 + 5 **5**	1 + 5 **6**	7 + 5 **12**	9 + 5 **14**

13	14	15	16	17	18
2 + 5 **7**	0 + 5 **5**	3 + 5 **8**	1 + 5 **6**	4 + 5 **9**	5 + 5 **10**

SET II   Date: _____   Start: _____   Finish: _____   Score: _____

1	2	3	4	5	6
6 + 5 **11**	1 0 + 5 **15**	8 + 5 **13**	7 + 5 **12**	5 + 5 **10**	6 + 5 **11**

7	8	9	10	11	12
1 0 + 5 **15**	9 + 5 **14**	0 + 5 **5**	1 + 5 **6**	7 + 5 **12**	3 + 5 **8**

13	14	15	16	17	18
2 + 5 **7**	8 + 5 **13**	4 + 5 **9**	1 + 5 **6**	3 + 5 **8**	9 + 5 **14**

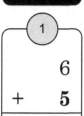

Practice: Adding 5 (up to 10 + 5)

SET I Date: _____ Start: _____ Finish: _____ Score: _____

1
```
    6
+   5
─────
   11
```

2
```
    9
+   5
─────
   14
```

3
```
    5
+   5
─────
   10
```

4
```
    2
+   5
─────
    7
```

5
```
    7
+   5
─────
   12
```

6
```
    3
+   5
─────
    8
```

7
```
  1 0
+   5
─────
   15
```

8
```
    1
+   5
─────
    6
```

9
```
    8
+   5
─────
   13
```

10
```
    4
+   5
─────
    9
```

11
```
    0
+   5
─────
    5
```

12
```
  1 0
+   5
─────
   15
```

13
```
    6
+   5
─────
   11
```

14
```
    2
+   5
─────
    7
```

15
```
    8
+   5
─────
   13
```

16
```
    0
+   5
─────
    5
```

17
```
    3
+   5
─────
    8
```

18
```
    1
+   5
─────
    6
```

SET II Date: _____ Start: _____ Finish: _____ Score: _____

1
```
    7
+   5
─────
   12
```

2
```
    9
+   5
─────
   14
```

3
```
    5
+   5
─────
   10
```

4
```
    4
+   5
─────
    9
```

5
```
    3
+   5
─────
    8
```

6
```
    8
+   5
─────
   13
```

7
```
    6
+   5
─────
   11
```

8
```
    5
+   5
─────
   10
```

9
```
    7
+   5
─────
   12
```

10
```
    2
+   5
─────
    7
```

11
```
    4
+   5
─────
    9
```

12
```
    0
+   5
─────
    5
```

13
```
  1 0
+   5
─────
   15
```

14
```
    9
+   5
─────
   14
```

15
```
    1
+   5
─────
    6
```

16
```
    3
+   5
─────
    8
```

17
```
    1
+   5
─────
    6
```

18
```
    8
+   5
─────
   13
```

Addition Facts

SET I Date: _____ Start: _____ Finish: _____ Score: _____

1	2	3	4	5	6
5 + 5 **10**	9 + 5 **14**	8 + 5 **13**	2 + 5 **7**	3 + 5 **8**	0 + 5 **5**

7	8	9	10	11	12
1 + 5 **6**	1 0 + 5 **15**	7 + 5 **12**	6 + 5 **11**	4 + 5 **9**	6 + 5 **11**

13	14	15	16	17	18
2 + 5 **7**	1 + 5 **6**	9 + 5 **14**	5 + 5 **10**	8 + 5 **13**	3 + 5 **8**

SET II Date: _____ Start: _____ Finish: _____ Score: _____

1	2	3	4	5	6
1 0 + 5 **15**	4 + 5 **9**	0 + 5 **5**	7 + 5 **12**	0 + 5 **5**	4 + 5 **9**

7	8	9	10	11	12
9 + 5 **14**	8 + 5 **13**	1 0 + 5 **15**	3 + 5 **8**	2 + 5 **7**	1 + 5 **6**

13	14	15	16	17	18
7 + 5 	5 + 5 **10**	6 + 5 **11**	2 + 5 **7**	9 + 5 **14**	1 0 + 5 **15**

SET I Date: _____ Start: _____ Finish: _____ Score: _____

1	2	3	4	5	6
2 + 5 **7**	5 + 5 **10**	0 + 5 **5**	4 + 5 **9**	6 + 5 **4**	1 + 5 **6**

7	8	9	10	11	12
3 + 5 **8**	7 + 5 **12**	8 + 5 **13**	9 + 5 **14**	1 0 + 5 **15**	1 0 + 5 **15**

13	14	15	16	17	18
2 + 5 **7**	5 + 5 **16**	3 + 5 **8**	0 + 5 **5**	7 + 5 **12**	6 + 5 **11**

SET II Date: _____ Start: _____ Finish: _____ Score: _____

1	2	3	4	5	6
8 + 5 **13**	4 + 5 **9**	1 + 5 **6**	9 + 5 **14**	7 + 5 **12**	0 + 5 **5**

7	8	9	10	11	12
3 + 5 **8**	8 + 5 **13**	4 + 5 **9**	5 + 5 **10**	1 0 + 5 **15**	1 + 5 **6**

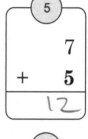

13	14	15	16	17	18
9 + 5 **14**	6 + 5 **11**	2 + 5 **7**	1 0 + 5 **15**	8 + 5 **13**	9 + 5 **14**

SET I   Date: _____   Start: _____   Finish: _____   Score: _____

1
```
    4
+   4
────
    8
```

2
```
    6
+   1
────
    7
```

3
```
    7
+   2
────
    9
```

4
```
    0
+   0
────
    0
```

5
```
    5
+   5
────
   10
```

6
```
    3
+   3
────
    6
```

7
```
  1 0
+   5
────
   15
```

8
```
    9
+   3
────
   12
```

9
```
    2
+   1
────
    3
```

10
```
    8
+   2
────
   10
```

11
```
    1
+   0
────
    1
```

12
```
    4
+   4
────
    e
```

13
```
    9
+   1
────
   10
```

14
```
    8
+   3
────
   11
```

15
```
    2
+   0
────
    2
```

16
```
    0
+   5
────
    5
```

17
```
    1
+   2
────
    3
```

18
```
    5
+   4
────
    9
```

SET II   Date: _____   Start: _____   Finish: _____   Score: _____

1
```
    7
+   4
────
   11
```

2
```
    6
+   2
────
    8
```

3
```
    3
+   0
────
    3
```

4
```
  1 0
+   5
────
   15
```

5
```
  1 0
+   3
────
   13
```

6
```
    1
+   1
────
    2
```

7
```
    4
+   4
────
    8
```

8
```
    7
+   0
────
    7
```

9
```
    8
+   5
────
   13
```

10
```
    2
+   2
────
    4
```

11
```
    0
+   3
────
    3
```

12
```
    9
+   1
────
   10
```

13
```
    5
+   3
────
    8
```

14
```
    3
+   0
────
    3
```

15
```
    6
+   4
────
   10
```

16
```
  1 0
+   1
────
   11
```

17
```
    9
+   5
────
   14
```

18
```
    4
+   2
────
    6
```

Addition Facts   21

SET I   Date: _____ Start: _____ Finish: _____ Score: _____

1	2	3	4	5	6
8 + 5 **13**	7 + 2 **9**	1 0 + 1 **11**	3 + 4 **7**	0 + 3 **3**	4 + 0 **4**

7	8	9	10	11	12
2 + 1 **3**	5 + 5 **10**	9 + 2 **11**	6 + 3 **9**	1 + 4 **5**	7 + 0 **7**

13	14	15	16	17	18
1 + 0 **1**	8 + 1 **9**	0 + 5 **5**	9 + 4 **13**	6 + 3 **9**	5 + 2 **7**

SET II Date: _____ Start: _____ Finish: _____ Score: _____

1	2	3	4	5	6
3 + 0 **3**	2 + 5 **7**	4 + 2 	1 0 + 3 **13**	2 + 4 **6**	6 + 1 **7**

7	8	9	10	11	12
5 + 5 **16**	7 + 4 **11**	1 + 2 **3**	1 0 + 1 **11**	0 + 3 **3**	8 + 0 **8**

13	14	15	16	17	18
3 + 4 **7**	9 + 2 **11**	4 + 0 **4**	5 + 5 **10**	7 + 1 **8**	1 0 + 3 **13**

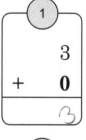

SET I

Date: _____ Start: _____ Finish: _____ Score: _____

1
```
    5
+   4
─────
    9
```

2
```
    7
+   1
─────
    8
```

3
```
  1 0
+   0
─────
  1 0
```

4
```
    2
+   2
─────
    4
```

5
```
    1
+   5
─────
    6
```

6
```
    9
+   3
─────
   12
```

7
```
    0
+   1
─────
    1
```

8
```
    4
+   0
─────
    4
```

9
```
    8
+   2
─────
   10
```

10
```
    3
+   3
─────
    6
```

11
```
    6
+   4
─────
   10
```

12
```
    5
+   5
─────
   10
```

13
```
    7
+   2
─────
    9
```

14
```
  1 0
+   5
─────
   15
```

15
```
    2
+   3
─────
    5
```

16
```
    6
+   1
─────
    7
```

17
```
    1
+   4
─────
    5
```

18
```
    3
+   0
─────
    3
```

SET II

Date: _____ Start: _____ Finish: _____ Score: _____

1
```
    0
+   3
─────
    3
```

2
```
    9
+   4
─────
   13
```

3
```
    4
+   0
─────
    4
```

4
```
    8
+   5
─────
   13
```

5
```
    7
+   2
─────
    9
```

6
```
    3
+   1
─────
    4
```

7
```
    9
+   4
─────
   13
```

8
```
    8
+   3
─────
    4
```

9
```
  1 0
+   5
─────
   15
```

10
```
    2
+   1
─────
    3
```

11
```
    5
+   0
─────
    5
```

12
```
    6
+   2
─────
    8
```

13
```
    0
+   5
─────
    5
```

14
```
    4
+   3
─────
    7
```

15
```
    1
+   1
─────
    2
```

16
```
    9
+   2
─────
   11
```

17
```
    7
+   0
─────
    7
```

18
```
    3
+   4
─────
    7
```

Addition Facts

23

SET I Date: _____ Start: _____ Finish: _____ Score: _____

1.
$$\begin{array}{r} 4 \\ + \ 3 \\ \hline 7 \end{array}$$

2.
$$\begin{array}{r} 9 \\ + \ 0 \\ \hline 9 \end{array}$$

3.
$$\begin{array}{r} 1\ 0 \\ + \ 2 \\ \hline 12 \end{array}$$

4.
$$\begin{array}{r} 8 \\ + \ 5 \\ \hline 13 \end{array}$$

5.
$$\begin{array}{r} 5 \\ + \ 4 \\ \hline 9 \end{array}$$

6.
$$\begin{array}{r} 1 \\ + \ 1 \\ \hline 2 \end{array}$$

7.
$$\begin{array}{r} 7 \\ + \ 3 \\ \hline 10 \end{array}$$

8.
$$\begin{array}{r} 6 \\ + \ 1 \\ \hline 7 \end{array}$$

9.
$$\begin{array}{r} 0 \\ + \ 2 \\ \hline 2 \end{array}$$

10.
$$\begin{array}{r} 3 \\ + \ 4 \\ \hline 7 \end{array}$$

11.
$$\begin{array}{r} 2 \\ + \ 5 \\ \hline 7 \end{array}$$

12.
$$\begin{array}{r} 0 \\ + \ 0 \\ \hline 0 \end{array}$$

13.
$$\begin{array}{r} 2 \\ + \ 2 \\ \hline 4 \end{array}$$

14.
$$\begin{array}{r} 1\ 0 \\ + \ 1 \\ \hline 11 \end{array}$$

15.
$$\begin{array}{r} 1 \\ + \ 0 \\ \hline 1 \end{array}$$

16.
$$\begin{array}{r} 9 \\ + \ 5 \\ \hline 14 \end{array}$$

17.
$$\begin{array}{r} 8 \\ + \ 4 \\ \hline 12 \end{array}$$

18.
$$\begin{array}{r} 3 \\ + \ 3 \\ \hline 6 \end{array}$$

SET II Date: _____ Start: _____ Finish: _____ Score: _____

1.
$$\begin{array}{r} 7 \\ + \ 2 \\ \hline 9 \end{array}$$

2.
$$\begin{array}{r} 4 \\ + \ 4 \\ \hline 8 \end{array}$$

3.
$$\begin{array}{r} 5 \\ + \ 1 \\ \hline 6 \end{array}$$

4.
$$\begin{array}{r} 6 \\ + \ 0 \\ \hline 6 \end{array}$$

5.
$$\begin{array}{r} 1\ 0 \\ + \ 5 \\ \hline 15 \end{array}$$

6.
$$\begin{array}{r} 1 \\ + \ 3 \\ \hline 4 \end{array}$$

7.
$$\begin{array}{r} 0 \\ + \ 2 \\ \hline 2 \end{array}$$

8.
$$\begin{array}{r} 6 \\ + \ 1 \\ \hline 7 \end{array}$$

9.
$$\begin{array}{r} 4 \\ + \ 5 \\ \hline 9 \end{array}$$

10.
$$\begin{array}{r} 9 \\ + \ 4 \\ \hline 13 \end{array}$$

11.
$$\begin{array}{r} 3 \\ + \ 3 \\ \hline 6 \end{array}$$

12.
$$\begin{array}{r} 8 \\ + \ 0 \\ \hline 8 \end{array}$$

13.
$$\begin{array}{r} 5 \\ + \ 5 \\ \hline 10 \end{array}$$

14.
$$\begin{array}{r} 2 \\ + \ 1 \\ \hline 3 \end{array}$$

15.
$$\begin{array}{r} 7 \\ + \ 3 \\ \hline 10 \end{array}$$

16.
$$\begin{array}{r} 4 \\ + \ 2 \\ \hline 6 \end{array}$$

17.
$$\begin{array}{r} 7 \\ + \ 4 \\ \hline 11 \end{array}$$

18.
$$\begin{array}{r} 2 \\ + \ 0 \\ \hline 2 \end{array}$$

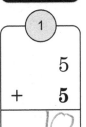

SET I   Date: _____   Start: _____   Finish: _____   Score: _____

1	2	3	4	5	6
5 + 5 **10**	8 + 4 **12**	4 + 2 **6**	0 + 1 **1**	2 + 0 **2**	6 + 3 **0**

7	8	9	10	11	12
7 + 3 **10**	9 + 5 **14**	1 0 + 2 **12**	3 + 4 **7**	1 + 1 **2**	8 + 0 **8**

13	14	15	16	17	18
4 + 0 **4**	1 0 + 5 **15**	9 + 2 **11**	2 + 1 **3**	6 + 4 **10**	7 + 3

SET II   Date: _____   Start: _____   Finish: _____   Score: _____

1	2	3	4	5	6
5 + 5 **10**	3 + 0 **3**	0 + 2 **2**	1 + 3 **4**	1 0 + 4 **14**	6 + 1 **7**

7	8	9	10	11	12
0 + 0 **0**	5 + 2 **7**	1 + 3 **4**	3 + 1 **4**	9 + 5 **14**	8 + 4 **12**

13	14	15	16	17	18
4 + 3 **7**	2 + 5 **7**	7 + 4 **11**	2 + 0 **2**	5 + 2 **7**	1 + 1 **2**

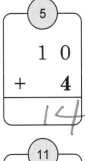

SET I

Date: _____ Start: _____ Finish: _____ Score: _____

1
```
    1
+   3
_____
```

2
```
    8
+   0
_____
```

3
```
    7
+   1
_____
```

4
```
    2
+   5
_____
```

5
```
    6
+   4
_____
```

6
```
    0
+   2
_____
```

7
```
    9
+   5
_____
```

8
```
    3
+   1
_____
```

9
```
  1 0
+   4
_____
```

10
```
    4
+   0
_____
```

11
```
    5
+   3
_____
```

12
```
    9
+   2
_____
```

13
```
    4
+   2
_____
```

14
```
    6
+   4
_____
```

15
```
    3
+   3
_____
```

16
```
    0
+   0
_____
```

17
```
    5
+   5
_____
```

18
```
    2
+   1
_____
```

SET II

Date: _____ Start: _____ Finish: _____ Score: _____

1
```
    1
+   2
_____
```

2
```
    8
+   3
_____
```

3
```
    7
+   4
_____
```

4
```
  1 0
+   0
_____
```

5
```
    3
+   5
_____
```

6
```
  1 0
+   1
_____
```

7
```
    8
+   5
_____
```

8
```
    6
+   0
_____
```

9
```
    9
+   4
_____
```

10
```
    0
+   3
_____
```

11
```
    1
+   1
_____
```

12
```
    7
+   2
_____
```

13
```
    4
+   2
_____
```

14
```
    5
+   5
_____
```

15
```
    2
+   1
_____
```

16
```
    6
+   0
_____
```

17
```
    9
+   4
_____
```

18
```
  1 0
+   3
_____
```

Addition Facts

SET I Date:_____ Start:_____ Finish:_____ Score:_____

1.
```
    7
+   6
_____
```

2.
```
    0
+   6
_____
```

3.
```
    6
+   6
_____
```

4.
```
    8
+   6
_____
```

5.
```
    3
+   6
_____
```

6.
```
  1 0
+   6
_____
```

7.
```
    4
+   6
_____
```

8.
```
    5
+   6
_____
```

9.
```
    1
+   6
_____
```

10.
```
    9
+   6
_____
```

11.
```
    2
+   6
_____
```

12.
```
    6
+   6
_____
```

13.
```
    0
+   6
_____
```

14.
```
    3
+   6
_____
```

15.
```
    2
+   6
_____
```

16.
```
    9
+   6
_____
```

17.
```
  1 0
+   6
_____
```

18.
```
    7
+   6
_____
```

SET II Date:_____ Start:_____ Finish:_____ Score:_____

1.
```
    5
+   6
_____
```

2.
```
    8
+   6
_____
```

3.
```
    4
+   6
_____
```

4.
```
    1
+   6
_____
```

5.
```
    2
+   6
_____
```

6.
```
    5
+   6
_____
```

7.
```
  1 0
+   6
_____
```

8.
```
    8
+   6
_____
```

9.
```
    4
+   6
_____
```

10.
```
    0
+   6
_____
```

11.
```
    3
+   6
_____
```

12.
```
    1
+   6
_____
```

13.
```
    6
+   6
_____
```

14.
```
    7
+   6
_____
```

15.
```
    9
+   6
_____
```

16.
```
    5
+   6
_____
```

17.
```
  1 0
+   6
_____
```

18.
```
    8
+   6
_____
```

SET I   Date: _____   Start: _____   Finish: _____   Score: _____

1	2	3	4	5	6
8 + 6	3 + 6	4 + 6	2 + 6	6 + 6	9 + 6

7	8	9	10	11	12
5 + 6	0 + 6	7 + 6	1 0 + 6	1 + 6	5 + 6

13	14	15	16	17	18
7 + 6	4 + 6	3 + 6	6 + 6	0 + 6	1 + 6

SET II   Date: _____   Start: _____   Finish: _____   Score: _____

1	2	3	4	5	6
1 0 + 6	9 + 6	2 + 6	8 + 6	1 0 + 6	6 + 6

7	8	9	10	11	12
2 + 6	7 + 6	9 + 6	8 + 6	1 + 6	4 + 6

13	14	15	16	17	18
3 + 6	0 + 6	5 + 6	8 + 6	1 0 + 6	9 + 6

SET I Date: _____ Start: _____ Finish: _____ Score: _____

1)
```
  1 0
+   6
─────
```

2)
```
    7
+   6
─────
```

3)
```
    8
+   6
─────
```

4)
```
    6
+   6
─────
```

5)
```
    9
+   6
─────
```

6)
```
    1
+   6
─────
```

7)
```
    4
+   6
─────
```

8)
```
    3
+   6
─────
```

9)
```
    2
+   6
─────
```

10)
```
    5
+   6
─────
```

11)
```
    0
+   6
─────
```

12)
```
    7
+   6
─────
```

13)
```
    6
+   6
─────
```

14)
```
    2
+   6
─────
```

15)
```
    4
+   6
─────
```

16)
```
    9
+   6
─────
```

17)
```
    8
+   6
─────
```

18)
```
    0
+   6
─────
```

SET II Date: _____ Start: _____ Finish: _____ Score: _____

1)
```
  1 0
+   6
─────
```

2)
```
    1
+   6
─────
```

3)
```
    3
+   6
─────
```

4)
```
    5
+   6
─────
```

5)
```
    5
+   6
─────
```

6)
```
    2
+   6
─────
```

7)
```
    6
+   6
─────
```

8)
```
    9
+   6
─────
```

9)
```
    7
+   6
─────
```

10)
```
    4
+   6
─────
```

11)
```
    1
+   6
─────
```

12)
```
    0
+   6
─────
```

13)
```
  1 0
+   6
─────
```

14)
```
    3
+   6
─────
```

15)
```
    8
+   6
─────
```

16)
```
    1
+   6
─────
```

17)
```
    0
+   6
─────
```

18)
```
    4
+   6
─────
```

SET I Date:_____ Start:_____ Finish:_____ Score:_____

1
```
    2
+   6
```

2
```
    4
+   6
```

3
```
  1 0
+   6
```

4
```
    3
+   6
```

5
```
    7
+   6
```

6
```
    0
+   6
```

7
```
    6
+   6
```

8
```
    5
+   6
```

9
```
    1
+   6
```

10
```
    8
+   6
```

11
```
    9
+   6
```

12
```
    7
+   6
```

13
```
    5
+   6
```

14
```
    9
+   6
```

15
```
    4
+   6
```

16
```
    3
+   6
```

17
```
    0
+   6
```

18
```
    1
+   6
```

SET II Date:_____ Start:_____ Finish:_____ Score:_____

1
```
    8
+   6
```

2
```
    6
+   6
```

3
```
    2
+   6
```

4
```
  1 0
+   6
```

5
```
    0
+   6
```

6
```
    4
+   6
```

7
```
    1
+   6
```

8
```
  1 0
+   6
```

9
```
    8
+   6
```

10
```
    7
+   6
```

11
```
    9
+   6
```

12
```
    3
+   6
```

13
```
    2
+   6
```

14
```
    5
+   6
```

15
```
    6
+   6
```

16
```
    6
+   6
```

17
```
    3
+   6
```

18
```
    8
+   6
```

SET I   Date: _____   Start: _____   Finish: _____   Score: _____

1	2	3	4	5	6
1 0 + **7**	2 + **7**	9 + **7**	7 + **7**	3 + **7**	8 + **7**

7	8	9	10	11	12
0 + **7**	6 + **7**	1 + **7**	5 + **7**	4 + **7**	8 + **7**

13	14	15	16	17	18
0 + **7**	5 + **7**	9 + **7**	7 + **7**	1 0 + **7**	4 + **7**

SET II   Date: _____   Start: _____   Finish: _____   Score: _____

1	2	3	4	5	6
3 + **7**	6 + **7**	2 + **7**	1 + **7**	1 + **7**	5 + **7**

7	8	9	10	11	12
6 + **7**	9 + **7**	8 + **7**	0 + **7**	3 + **7**	2 + **7**

13	14	15	16	17	18
7 + **7**	1 0 + **7**	4 + **7**	6 + **7**	2 + **7**	1 0 + **7**

SET I Date: _____ Start: _____ Finish: _____ Score: _____

1	2	3	4	5	6
0 + **7**	7 + **7**	1 0 + **7**	1 + **7**	9 + **7**	8 + **7**

7	8	9	10	11	12
4 + **7**	3 + **7**	2 + **7**	5 + **7**	6 + **7**	6 + **7**

13	14	15	16	17	18
2 + **7**	7 + **7**	1 0 + **7**	4 + **7**	5 + **7**	8 + **7**

SET II Date: _____ Start: _____ Finish: _____ Score: _____

1	2	3	4	5	6
1 + **7**	3 + **7**	9 + **7**	0 + **7**	3 + **7**	9 + **7**

7	8	9	10	11	12
0 + **7**	6 + **7**	1 0 + **7**	5 + **7**	8 + **7**	7 + **7**

13	14	15	16	17	18
1 + **7**	2 + **7**	4 + **7**	2 + **7**	7 + **7**	1 + **7**

SET I   Date:_____   Start:_____   Finish:_____   Score:_____

1)
```
    0
+   7
```

2)
```
    6
+   7
```

3)
```
    1
+   7
```

4)
```
    8
+   7
```

5)
```
    5
+   7
```

6)
```
    3
+   7
```

7)
```
    7
+   7
```

8)
```
    2
+   7
```

9)
```
    9
+   7
```

10)
```
  1 0
+   7
```

11)
```
    4
+   7
```

12)
```
    8
+   7
```

13)
```
    6
+   7
```

14)
```
    0
+   7
```

15)
```
    5
+   7
```

16)
```
    2
+   7
```

17)
```
    4
+   7
```

18)
```
  1 0
+   7
```

SET II   Date:_____   Start:_____   Finish:_____   Score:_____

1)
```
    7
+   7
```

2)
```
    3
+   7
```

3)
```
    9
+   7
```

4)
```
    1
+   7
```

5)
```
    4
+   7
```

6)
```
  1 0
+   7
```

7)
```
    6
+   7
```

8)
```
    7
+   7
```

9)
```
    8
+   7
```

10)
```
    5
+   7
```

11)
```
    1
+   7
```

12)
```
    2
+   7
```

13)
```
    9
+   7
```

14)
```
    0
+   7
```

15)
```
    3
+   7
```

16)
```
    4
+   7
```

17)
```
    9
+   7
```

18)
```
    5
+   7
```

Addition Facts

SET I Date: _____ Start: _____ Finish: _____ Score: _____

1	2	3	4	5	6
1 + **7**	0 + **7**	8 + **7**	2 + **7**	1 0 + **7**	3 + **7**

7	8	9	10	11	12
9 + **7**	6 + **7**	7 + **7**	5 + **7**	4 + **7**	4 + **7**

13	14	15	16	17	18
1 + **7**	9 + **7**	2 + **7**	5 + **7**	1 0 + **7**	0 + **7**

SET II Date: _____ Start: _____ Finish: _____ Score: _____

1	2	3	4	5	6
8 + **7**	3 + **7**	7 + **7**	6 + **7**	2 + **7**	0 + **7**

7	8	9	10	11	12
1 0 + **7**	7 + **7**	9 + **7**	3 + **7**	4 + **7**	6 + **7**

13	14	15	16	17	18
1 + **7**	5 + **7**	8 + **7**	6 + **7**	9 + **7**	1 + **7**

SET I   Date: _____   Start: _____   Finish: _____   Score: _____

1	2	3	4	5	6
1 + 8	7 + 8	3 + 8	9 + 8	5 + 8	1 0 + 8

7	8	9	10	11	12
4 + 8	0 + 8	6 + 8	8 + 8	2 + 8	0 + 8

13	14	15	16	17	18
9 + 8	1 0 + 8	6 + 8	2 + 8	4 + 8	1 + 8

SET II   Date: _____   Start: _____   Finish: _____   Score: _____

1	2	3	4	5	6
8 + 8	3 + 8	5 + 8	7 + 8	1 0 + 8	3 + 8

7	8	9	10	11	12
5 + 8	0 + 8	4 + 8	9 + 8	8 + 8	6 + 8

13	14	15	16	17	18
2 + 8	7 + 8	1 + 8	4 + 8	1 0 + 8	3 + 8

SET I   Date: _____   Start: _____   Finish: _____   Score: _____

1	2	3	4	5	6
3 + 8	2 + 8	1 + 8	9 + 8	1 0 + 8	7 + 8

7	8	9	10	11	12
6 + 8	5 + 8	0 + 8	4 + 8	8 + 8	4 + 8

13	14	15	16	17	18
3 + 8	9 + 8	5 + 8	6 + 8	7 + 8	1 + 8

SET II   Date: _____   Start: _____   Finish: _____   Score: _____

1	2	3	4	5	6
0 + 8	2 + 8	1 0 + 8	8 + 8	7 + 8	0 + 8

7	8	9	10	11	12
8 + 8	2 + 8	9 + 8	6 + 8	3 + 8	4 + 8

13	14	15	16	17	18
5 + 8	1 0 + 8	1 + 8	7 + 8	3 + 8	9 + 8

SET I　Date:_____　Start:_____　Finish:_____　Score:_____

1	2	3	4	5	6
1 0 + 8	5 + 8	0 + 8	2 + 8	3 + 8	6 + 8

7	8	9	10	11	12
7 + 8	1 + 8	8 + 8	9 + 8	4 + 8	7 + 8

13	14	15	16	17	18
1 + 8	9 + 8	6 + 8	3 + 8	5 + 8	2 + 8

SET II　Date:_____　Start:_____　Finish:_____　Score:_____

1	2	3	4	5	6
1 0 + 8	0 + 8	4 + 8	8 + 8	1 0 + 8	8 + 8

7	8	9	10	11	12
7 + 8	5 + 8	3 + 8	6 + 8	9 + 8	1 + 8

13	14	15	16	17	18
2 + 8	0 + 8	4 + 8	6 + 8	1 + 8	2 + 8

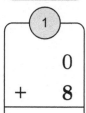 **SET I**   Date: _____   Start: _____   Finish: _____   Score: _____

1	2	3	4	5	6
0 + 8	1 + 8	5 + 8	6 + 8	8 + 8	9 + 8

7	8	9	10	11	12
1 0 + 8	3 + 8	4 + 8	2 + 8	7 + 8	7 + 8

13	14	15	16	17	18
1 + 8	6 + 8	0 + 8	3 + 8	4 + 8	1 0 + 8

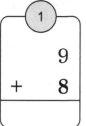 **SET II**   Date: _____   Start: _____   Finish: _____   Score: _____

1	2	3	4	5	6
9 + 8	2 + 8	5 + 8	8 + 8	1 + 8	5 + 8

7	8	9	10	11	12
6 + 8	1 0 + 8	2 + 8	4 + 8	3 + 8	7 + 8

13	14	15	16	17	18
8 + 8	0 + 8	9 + 8	3 + 8	8 + 8	9 + 8

SET I   Date:_____   Start:_____   Finish:_____   Score:_____

1.
```
    5
+   9
─────
```

2.
```
    1
+   9
─────
```

3.
```
    2
+   9
─────
```

4.
```
    9
+   9
─────
```

5.
```
    8
+   9
─────
```

6.
```
    6
+   9
─────
```

7.
```
    0
+   9
─────
```

8.
```
    7
+   9
─────
```

9.
```
    4
+   9
─────
```

10.
```
  1 0
+   9
─────
```

11.
```
    3
+   9
─────
```

12.
```
    0
+   9
─────
```

13.
```
    9
+   9
─────
```

14.
```
    8
+   9
─────
```

15.
```
    6
+   9
─────
```

16.
```
    3
+   9
─────
```

17.
```
    4
+   9
─────
```

18.
```
    7
+   9
─────
```

SET II   Date:_____   Start:_____   Finish:_____   Score:_____

1.
```
    5
+   9
─────
```

2.
```
    2
+   9
─────
```

3.
```
    1
+   9
─────
```

4.
```
  1 0
+   9
─────
```

5.
```
    1
+   9
─────
```

6.
```
    9
+   9
─────
```

7.
```
    0
+   9
─────
```

8.
```
    6
+   9
─────
```

9.
```
    8
+   9
─────
```

10.
```
    4
+   9
─────
```

11.
```
    3
+   9
─────
```

12.
```
    5
+   9
─────
```

13.
```
    7
+   9
─────
```

14.
```
  1 0
+   9
─────
```

15.
```
    2
+   9
─────
```

16.
```
    6
+   9
─────
```

17.
```
    9
+   9
─────
```

18.
```
    5
+   9
─────
```

SET I Date:_____ Start:_____ Finish:_____ Score:_____

1.
```
    0
+   9
```

2.
```
    6
+   9
```

3.
```
    2
+   9
```

4.
```
    1
+   9
```

5.
```
    8
+   9
```

6.
```
    4
+   9
```

7.
```
    7
+   9
```

8.
```
    9
+   9
```

9.
```
    3
+   9
```

10.
```
  1 0
+   9
```

11.
```
    5
+   9
```

12.
```
    8
+   9
```

13.
```
    0
+   9
```

14.
```
    2
+   9
```

15.
```
    6
+   9
```

16.
```
    3
+   9
```

17.
```
    4
+   9
```

18.
```
    1
+   9
```

SET II Date:_____ Start:_____ Finish:_____ Score:_____

1.
```
  1 0
+   9
```

2.
```
    9
+   9
```

3.
```
    5
+   9
```

4.
```
    7
+   9
```

5.
```
    6
+   9
```

6.
```
    4
+   9
```

7.
```
    5
+   9
```

8.
```
  1 0
+   9
```

9.
```
    3
+   9
```

10.
```
    2
+   9
```

11.
```
    0
+   9
```

12.
```
    7
+   9
```

13.
```
    9
+   9
```

14.
```
    1
+   9
```

15.
```
    8
+   9
```

16.
```
    0
+   9
```

17.
```
    9
+   9
```

18.
```
    2
+   9
```

SET I   Date: _____   Start: _____   Finish: _____   Score: _____

1	2	3	4	5	6
1 0 + 9	7 + 9	5 + 9	3 + 9	2 + 9	8 + 9

7	8	9	10	11	12
6 + 9	4 + 9	1 + 9	0 + 9	9 + 9	6 + 9

13	14	15	16	17	18
2 + 9	7 + 9	1 + 9	1 0 + 9	9 + 9	3 + 9

SET II   Date: _____   Start: _____   Finish: _____   Score: _____

1	2	3	4	5	6
8 + 9	0 + 9	5 + 9	4 + 9	9 + 9	1 0 + 9

7	8	9	10	11	12
6 + 9	7 + 9	5 + 9	1 + 9	2 + 9	4 + 9

13	14	15	16	17	18
8 + 9	0 + 9	3 + 9	8 + 9	6 + 9	3 + 9

SET I   Date:_____   Start:_____   Finish:_____   Score:_____

1
```
    9
+   9
```

2
```
  1 0
+   9
```

3
```
    1
+   9
```

4
```
    6
+   9
```

5
```
    7
+   9
```

6
```
    4
+   9
```

7
```
    3
+   9
```

8
```
    2
+   9
```

9
```
    8
+   9
```

10
```
    5
+   9
```

11
```
    0
+   9
```

12
```
  1 0
+   9
```

13
```
    3
+   9
```

14
```
    5
+   9
```

15
```
    0
+   9
```

16
```
    6
+   9
```

17
```
    4
+   9
```

18
```
    2
+   9
```

SET II   Date:_____   Start:_____   Finish:_____   Score:_____

1
```
    7
+   9
```

2
```
    9
+   9
```

3
```
    1
+   9
```

4
```
    8
+   9
```

5
```
    5
+   9
```

6
```
    8
+   9
```

7
```
    3
+   9
```

8
```
    1
+   9
```

9
```
    4
+   9
```

10
```
    0
+   9
```

11
```
    2
+   9
```

12
```
    9
+   9
```

13
```
    6
+   9
```

14
```
    7
+   9
```

15
```
  1 0
+   9
```

16
```
    0
+   9
```

17
```
    6
+   9
```

18
```
    8
+   9
```

SET I Date:_____ Start:_____ Finish:_____ Score:_____

1	2	3	4	5	6
0 + 1 0	4 + 1 0	1 0 + 1 0	1 + 1 0	8 + 1 0	5 + 1 0

7	8	9	10	11	12
9 + 1 0	6 + 1 0	3 + 1 0	2 + 1 0	7 + 1 0	4 + 1 0

13	14	15	16	17	18
0 + 1 0	9 + 1 0	1 0 + 1 0	3 + 1 0	5 + 1 0	6 + 1 0

SET II Date:_____ Start:_____ Finish:_____ Score:_____

1	2	3	4	5	6
2 + 1 0	1 + 1 0	8 + 1 0	7 + 1 0	2 + 1 0	3 + 1 0

7	8	9	10	11	12
5 + 1 0	7 + 1 0	1 0 + 1 0	6 + 1 0	0 + 1 0	9 + 1 0

13	14	15	16	17	18
1 + 1 0	8 + 1 0	4 + 1 0	7 + 1 0	1 0 + 1 0	6 + 1 0

SET I Date:_____ Start:_____ Finish:_____ Score:_____

1	2	3	4	5	6
1 + 1 0	8 + 1 0	5 + 1 0	7 + 1 0	2 + 1 0	6 + 1 0

7	8	9	10	11	12
3 + 1 0	1 0 + 1 0	0 + 1 0	4 + 1 0	9 + 1 0	7 + 1 0

13	14	15	16	17	18
9 + 1 0	5 + 1 0	3 + 1 0	6 + 1 0	1 + 1 0	4 + 1 0

SET II Date:_____ Start:_____ Finish:_____ Score:_____

1	2	3	4	5	6
1 0 + 1 0	8 + 1 0	0 + 1 0	2 + 1 0	0 + 1 0	5 + 1 0

7	8	9	10	11	12
1 0 + 1 0	1 + 1 0	2 + 1 0	8 + 1 0	6 + 1 0	9 + 1 0

13	14	15	16	17	18
3 + 1 0	7 + 1 0	4 + 1 0	1 + 1 0	4 + 1 0	1 0 + 1 0

SET I   Date: _____   Start: _____   Finish: _____   Score: _____

(1)
```
      3
 +  1 0
```

(2)
```
      5
 +  1 0
```

(3)
```
    1 0
 +  1 0
```

(4)
```
      9
 +  1 0
```

(5)
```
      1
 +  1 0
```

(6)
```
      7
 +  1 0
```

(7)
```
      8
 +  1 0
```

(8)
```
      4
 +  1 0
```

(9)
```
      6
 +  1 0
```

(10)
```
      2
 +  1 0
```

(11)
```
      0
 +  1 0
```

(12)
```
      4
 +  1 0
```

(13)
```
      8
 +  1 0
```

(14)
```
      1
 +  1 0
```

(15)
```
      3
 +  1 0
```

(16)
```
      7
 +  1 0
```

(17)
```
      0
 +  1 0
```

(18)
```
    1 0
 +  1 0
```

SET II   Date: _____   Start: _____   Finish: _____   Score: _____

(1)
```
      9
 +  1 0
```

(2)
```
      6
 +  1 0
```

(3)
```
      2
 +  1 0
```

(4)
```
      5
 +  1 0
```

(5)
```
      3
 +  1 0
```

(6)
```
      1
 +  1 0
```

(7)
```
      2
 +  1 0
```

(8)
```
      9
 +  1 0
```

(9)
```
      7
 +  1 0
```

(10)
```
    1 0
 +  1 0
```

(11)
```
      5
 +  1 0
```

(12)
```
      0
 +  1 0
```

(13)
```
      4
 +  1 0
```

(14)
```
      6
 +  1 0
```

(15)
```
      8
 +  1 0
```

(16)
```
      7
 +  1 0
```

(17)
```
    1 0
 +  1 0
```

(18)
```
      6
 +  1 0
```

SET I Date: _____ Start: _____ Finish: _____ Score: _____

1	2	3	4	5	6
9 + 1 0	1 + 1 0	1 0 + 1 0	7 + 1 0	3 + 1 0	0 + 1 0

7	8	9	10	11	12
2 + 1 0	4 + 1 0	8 + 1 0	5 + 1 0	6 + 1 0	4 + 1 0

13	14	15	16	17	18
8 + 1 0	7 + 1 0	1 0 + 1 0	9 + 1 0	1 + 1 0	3 + 1 0

SET II Date: _____ Start: _____ Finish: _____ Score: _____

1	2	3	4	5	6
2 + 1 0	5 + 1 0	0 + 1 0	6 + 1 0	7 + 1 0	0 + 1 0

7	8	9	10	11	12
6 + 1 0	3 + 1 0	8 + 1 0	2 + 1 0	9 + 1 0	5 + 1 0

13	14	15	16	17	18
1 0 + 1 0	1 + 1 0	4 + 1 0	0 + 1 0	6 + 1 0	8 + 1 0

SET I

Date: _____ Start: _____ Finish: _____ Score: _____

1.
```
    4
+   3
```

2.
```
    1
+   5
```

3.
```
    0
+   2
```

4.
```
  1 0
+ 1 0
```

5.
```
    7
+   6
```

6.
```
    8
+   1
```

7.
```
    5
+   7
```

8.
```
    6
+   4
```

9.
```
    3
+   0
```

10.
```
    9
+   9
```

11.
```
    2
+   8
```

12.
```
  1 0
+ 1 0
```

13.
```
    5
+   7
```

14.
```
    1
+   9
```

15.
```
    6
+   8
```

16.
```
    9
+   0
```

17.
```
    2
+   6
```

18.
```
    3
+   4
```

SET II

Date: _____ Start: _____ Finish: _____ Score: _____

1.
```
    0
+   3
```

2.
```
    8
+   5
```

3.
```
    4
+   2
```

4.
```
    7
+   1
```

5.
```
    1
+   4
```

6.
```
    5
+   8
```

7.
```
    0
+   0
```

8.
```
    2
+ 1 0
```

9.
```
    9
+   3
```

10.
```
    4
+   5
```

11.
```
    8
+   7
```

12.
```
    6
+   1
```

13.
```
  1 0
+   9
```

14.
```
    3
+   2
```

15.
```
    7
+   6
```

16.
```
    9
+   4
```

17.
```
    8
+   0
```

18.
```
    7
+   2
```

SET I Date:_____ Start:_____ Finish:_____ Score:_____

1	2	3	4	5	6
3 + **0**	8 + **1**	2 + **3**	1 + **5**	9 + **6**	4 + **1 0**

7	8	9	10	11	12
6 + **9**	7 + **8**	1 0 + **4**	5 + **7**	0 + **2**	0 + **1 0**

13	14	15	16	17	18
5 + **7**	6 + **4**	9 + **9**	1 0 + **6**	4 + **8**	3 + **1**

SET II Date:_____ Start:_____ Finish:_____ Score:_____

1	2	3	4	5	6
7 + **3**	2 + **5**	1 + **2**	8 + **0**	5 + **0**	6 + **5**

7	8	9	10	11	12
3 + **7**	0 + **4**	8 + **9**	9 + **8**	2 + **1 0**	7 + **6**

13	14	15	16	17	18
4 + **1**	1 + **3**	1 0 + **2**	5 + **9**	6 + **5**	1 0 + **6**

SET I

Date: _____ Start: _____ Finish: _____ Score: _____

1
```
    6
+   1
─────
```

2
```
    0
+   9
─────
```

3
```
    8
+ 1 0
─────
```

4
```
    7
+   0
─────
```

5
```
    9
+   6
─────
```

6
```
    4
+   2
─────
```

7
```
    3
+   3
─────
```

8
```
    2
+   7
─────
```

9
```
    5
+   4
─────
```

10
```
  1 0
+   8
─────
```

11
```
    1
+   5
─────
```

12
```
    4
+   2
─────
```

13
```
    3
+   0
─────
```

14
```
    5
+   4
─────
```

15
```
    8
+   1
─────
```

16
```
    9
+   5
─────
```

17
```
    2
+   9
─────
```

18
```
  1 0
+ 1 0
─────
```

SET II

Date: _____ Start: _____ Finish: _____ Score: _____

1
```
    7
+   7
─────
```

2
```
    6
+   6
─────
```

3
```
    1
+   8
─────
```

4
```
    0
+   3
─────
```

5
```
    7
+   1
─────
```

6
```
    5
+   8
─────
```

7
```
    2
+   9
─────
```

8
```
    1
+   3
─────
```

9
```
  1 0
+   6
─────
```

10
```
    6
+   4
─────
```

11
```
    3
+   5
─────
```

12
```
    0
+   2
─────
```

13
```
    9
+   7
─────
```

14
```
    4
+   0
─────
```

15
```
    8
+ 1 0
─────
```

16
```
    0
+   8
─────
```

17
```
  1 0
+   6
─────
```

18
```
    3
+   9
─────
```

SET I Date:_____ Start:_____ Finish:_____ Score:_____

1
```
    3
+   5
```

2
```
    4
+   8
```

3
```
    1
+   1
```

4
```
    6
+   6
```

5
```
    7
+ 1 0
```

6
```
  1 0
+   0
```

7
```
    9
+   9
```

8
```
    5
+   2
```

9
```
    0
+   3
```

10
```
    2
+   7
```

11
```
    8
+   4
```

12
```
    6
+   6
```

13
```
    0
+   2
```

14
```
    2
+   9
```

15
```
    9
+   0
```

16
```
    3
+   4
```

17
```
  1 0
+ 1 0
```

18
```
    8
+   1
```

SET II Date:_____ Start:_____ Finish:_____ Score:_____

1
```
    4
+   7
```

2
```
    1
+   5
```

3
```
    7
+   3
```

4
```
    5
+   8
```

5
```
    1
+   7
```

6
```
    8
+   6
```

7
```
    3
+   5
```

8
```
    4
+   4
```

9
```
    9
+ 1 0
```

10
```
    7
+   1
```

11
```
  1 0
+   9
```

12
```
    2
+   8
```

13
```
    5
+   0
```

14
```
    6
+   3
```

15
```
    0
+   2
```

16
```
    8
+   9
```

17
```
    9
+   6
```

18
```
  1 0
+   3
```

SET I   Date: _____   Start: _____   Finish: _____   Score: _____

(1) 2 + **8**	(2) 3 + **6**	(3) 1 0 + **1 0**	(4) 1 + **7**	(5) 7 + **5**	(6) 0 + **0**
(7) 5 + **3**	(8) 4 + **9**	(9) 9 + **4**	(10) 6 + **2**	(11) 8 + **1**	(12) 7 + **3**
(13) 8 + **4**	(14) 4 + **7**	(15) 1 0 + **1**	(16) 5 + **5**	(17) 9 + **6**	(18) 2 + **9**

SET II   Date: _____   Start: _____   Finish: _____   Score: _____

(1) 1 + **1 0**	(2) 0 + **8**	(3) 6 + **0**	(4) 3 + **2**	(5) 1 + **6**	(6) 7 + **5**
(7) 3 + **0**	(8) 9 + **1**	(9) 1 0 + **7**	(10) 0 + **9**	(11) 6 + **4**	(12) 5 + **3**
(13) 8 + **1 0**	(14) 2 + **8**	(15) 4 + **2**	(16) 9 + **5**	(17) 1 0 + **3**	(18) 0 + **8**

Addition Facts

51

SET I Date: _____ Start: _____ Finish: _____ Score: _____

1	2	3	4	5	6
7 + **3**	3 + **1 0**	9 + **0**	8 + **5**	1 0 + **8**	0 + **1**

7	8	9	10	11	12
1 + **7**	2 + **2**	4 + **6**	6 + **4**	5 + **9**	1 + **4**

13	14	15	16	17	18
0 + **0**	8 + **1**	6 + **9**	7 + **1 0**	9 + **5**	2 + **7**

SET II Date: _____ Start: _____ Finish: _____ Score: _____

1	2	3	4	5	6
4 + **3**	5 + **2**	3 + **6**	1 0 + **8**	3 + **4**	4 + **7**

7	8	9	10	11	12
7 + **9**	0 + **1**	2 + **5**	6 + **3**	1 + **1 0**	9 + **0**

13	14	15	16	17	18
5 + **6**	1 0 + **8**	8 + **2**	3 + **0**	7 + **8**	8 + **7**

SET I

Date: _____ Start: _____ Finish: _____ Score: _____

1.
```
   2 0
+    0
```

2.
```
   1 2
+    0
```

3.
```
   1 5
+    0
```

4.
```
   1 4
+    0
```

5.
```
   1 6
+    0
```

6.
```
   1 8
+    0
```

7.
```
   1 3
+    0
```

8.
```
   1 1
+    0
```

9.
```
   1 9
+    0
```

10.
```
   1 7
+    0
```

11.
```
   1 9
+    0
```

12.
```
   2 0
+    0
```

13.
```
   1 3
+    0
```

14.
```
   1 4
+    0
```

15.
```
   1 2
+    0
```

16.
```
   1 8
+    0
```

17.
```
   1 6
+    0
```

18.
```
   1 7
+    0
```

SET II

Date: _____ Start: _____ Finish: _____ Score: _____

1.
```
   1 5
+    0
```

2.
```
   1 1
+    0
```

3.
```
   1 1
+    0
```

4.
```
   1 8
+    0
```

5.
```
   1 7
+    0
```

6.
```
   1 2
+    0
```

7.
```
   1 5
+    0
```

8.
```
   1 6
+    0
```

9.
```
   1 9
+    0
```

10.
```
   2 0
+    0
```

11.
```
   1 4
+    0
```

12.
```
   1 3
+    0
```

13.
```
   2 0
+    0
```

14.
```
   1 7
+    0
```

15.
```
   1 1
+    0
```

16.
```
   1 6
+    0
```

17.
```
   1 4
+    0
```

18.
```
   1 8
+    0
```

SET I Date: _____ Start: _____ Finish: _____ Score: _____

1	2	3	4	5	6
2 0 + 0	1 4 + 0	1 3 + 0	1 5 + 0	1 7 + 0	1 1 + 0

7	8	9	10	11	12
1 2 + 0	1 8 + 0	1 6 + 0	1 9 + 0	1 3 + 0	1 4 + 0

13	14	15	16	17	18
2 0 + 0	1 8 + 0	1 1 + 0	1 7 + 0	1 9 + 0	1 5 + 0

SET II Date: _____ Start: _____ Finish: _____ Score: _____

1	2	3	4	5	6
1 6 + 0	1 2 + 0	1 2 + 0	1 1 + 0	1 4 + 0	1 9 + 0

7	8	9	10	11	12
1 5 + 0	1 3 + 0	1 8 + 0	1 7 + 0	1 6 + 0	2 0 + 0

13	14	15	16	17	18
1 7 + 0	2 0 + 0	1 6 + 0	1 9 + 0	1 2 + 0	1 3 + 0

SET I Date: _____ Start: _____ Finish: _____ Score: _____

1)
```
  1 3
+   1
-----
```

2)
```
  1 9
+   1
-----
```

3)
```
  1 7
+   1
-----
```

4)
```
  1 8
+   1
-----
```

5)
```
  1 2
+   1
-----
```

6)
```
  1 5
+   1
-----
```

7)
```
  1 6
+   1
-----
```

8)
```
  1 1
+   1
-----
```

9)
```
  1 4
+   1
-----
```

10)
```
  2 0
+   1
-----
```

11)
```
  1 5
+   1
-----
```

12)
```
  1 8
+   1
-----
```

13)
```
  1 7
+   1
-----
```

14)
```
  1 2
+   1
-----
```

15)
```
  2 0
+   1
-----
```

16)
```
  1 9
+   1
-----
```

17)
```
  1 6
+   1
-----
```

18)
```
  1 4
+   1
-----
```

SET II Date: _____ Start: _____ Finish: _____ Score: _____

1)
```
  1 3
+   1
-----
```

2)
```
  1 1
+   1
-----
```

3)
```
  2 0
+   1
-----
```

4)
```
  1 7
+   1
-----
```

5)
```
  1 4
+   1
-----
```

6)
```
  1 2
+   1
-----
```

7)
```
  1 8
+   1
-----
```

8)
```
  1 6
+   1
-----
```

9)
```
  1 5
+   1
-----
```

10)
```
  1 3
+   1
-----
```

11)
```
  1 9
+   1
-----
```

12)
```
  1 1
+   1
-----
```

13)
```
  1 5
+   1
-----
```

14)
```
  1 6
+   1
-----
```

15)
```
  2 0
+   1
-----
```

16)
```
  1 2
+   1
-----
```

17)
```
  1 9
+   1
-----
```

18)
```
  1 1
+   1
-----
```

SET I   Date: _____   Start: _____   Finish: _____   Score: _____

1

   1 7
+   **1**

2

   1 3
+   **1**

3

   1 1
+   **1**

4

   1 2
+   **1**

5

   1 9
+   **1**

6

   1 6
+   **1**

7

   1 8
+   **1**

8

   2 0
+   **1**

9

   1 5
+   **1**

10

   1 4
+   **1**

11

   1 5
+   **1**

12

   1 7
+   **1**

13

   1 2
+   **1**

14

   1 6
+   **1**

15

   1 3
+   **1**

16

   1 1
+   **1**

17

   2 0
+   **1**

18

   1 9
+   **1**

SET II   Date: _____   Start: _____   Finish: _____   Score: _____

1

   1 8
+   **1**

2

   1 4
+   **1**

3

   1 3
+   **1**

4

   1 2
+   **1**

5

   1 5
+   **1**

6

   1 1
+   **1**

7

   1 7
+   **1**

8

   1 9
+   **1**

9

   1 4
+   **1**

10

   1 8
+   **1**

11

   2 0
+   **1**

12

   1 6
+   **1**

13

   2 0
+   **1**

14

   1 9
+   **1**

15

   1 6
+   **1**

16

   1 1
+   **1**

17

   1 3
+   **1**

18

   1 4
+   **1**

SET I   Date: _____   Start: _____   Finish: _____   Score: _____

1	2	3	4	5	6
1 8 + 2	1 6 + 2	1 9 + 2	1 2 + 2	1 4 + 2	1 3 + 2

7	8	9	10	11	12
1 5 + 2	1 1 + 2	1 7 + 2	2 0 + 2	1 4 + 2	1 9 + 2

13	14	15	16	17	18
1 8 + 2	1 5 + 2	1 3 + 2	2 0 + 2	1 6 + 2	1 2 + 2

SET II   Date: _____   Start: _____   Finish: _____   Score: _____

1	2	3	4	5	6
1 7 + 2	1 1 + 2	1 4 + 2	1 5 + 2	1 6 + 2	1 2 + 2

7	8	9	10	11	12
1 3 + 2	1 7 + 2	2 0 + 2	1 9 + 2	1 1 + 2	1 8 + 2

13	14	15	16	17	18
1 7 + 2	1 2 + 2	1 9 + 2	2 0 + 2	1 4 + 2	1 3 + 2

SET I Date:_____ Start:_____ Finish:_____ Score:_____

1
```
    2 0
+     2
```

2
```
    1 1
+     2
```

3
```
    1 3
+     2
```

4
```
    1 8
+     2
```

5
```
    1 4
+     2
```

6
```
    1 7
+     2
```

7
```
    1 6
+     2
```

8
```
    1 2
+     2
```

9
```
    1 5
+     2
```

10
```
    1 9
+     2
```

11
```
    1 8
+     2
```

12
```
    1 5
+     2
```

13
```
    1 9
+     2
```

14
```
    1 2
+     2
```

15
```
    1 6
+     2
```

16
```
    1 3
+     2
```

17
```
    2 0
+     2
```

18
```
    1 4
+     2
```

SET II 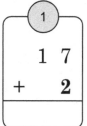 Date:_____ Start:_____ Finish:_____ Score:_____

1
```
    1 7
+     2
```

2
```
    1 1
+     2
```

3
```
    2 0
+     2
```

4
```
    1 2
+     2
```

5
```
    1 8
+     2
```

6
```
    1 5
+     2
```

7
```
    1 1
+     2
```

8
```
    1 7
+     2
```

9
```
    1 3
+     2
```

10
```
    1 4
+     2
```

11
```
    1 6
+     2
```

12
```
    1 9
+     2
```

13
```
    1 4
+     2
```

14
```
    1 2
+     2
```

15
```
    2 0
+     2
```

16
```
    1 5
+     2
```

17
```
    1 6
+     2
```

18
```
    1 7
+     2
```

Addition Facts

SET I   Date: _____   Start: _____   Finish: _____   Score: _____

(1)	(2)	(3)	(4)	(5)	(6)
1 3 + 3	1 7 + 3	1 8 + 3	1 1 + 3	1 4 + 3	1 2 + 3

(7)	(8)	(9)	(10)	(11)	(12)
1 9 + 3	2 0 + 3	1 6 + 3	1 5 + 3	1 6 + 3	1 1 + 3

(13)	(14)	(15)	(16)	(17)	(18)
1 2 + 3	1 8 + 3	1 5 + 3	1 4 + 3	1 9 + 3	2 0 + 3

SET II   Date: _____   Start: _____   Finish: _____   Score: _____

(1)	(2)	(3)	(4)	(5)	(6)
1 7 + 3	1 3 + 3	1 1 + 3	1 5 + 3	1 8 + 3	1 7 + 3

(7)	(8)	(9)	(10)	(11)	(12)
1 6 + 3	1 9 + 3	1 3 + 3	1 2 + 3	2 0 + 3	1 4 + 3

(13)	(14)	(15)	(16)	(17)	(18)
1 4 + 3	2 0 + 3	1 8 + 3	1 6 + 3	1 5 + 3	1 1 + 3

SET I Date:_____ Start:_____ Finish:_____ Score:_____

1
```
  1 3
+   3
```

2
```
  1 7
+   3
```

3
```
  1 9
+   3
```

4
```
  1 4
+   3
```

5
```
  1 6
+   3
```

6
```
  2 0
+   3
```

7
```
  1 5
+   3
```

8
```
  1 2
+   3
```

9
```
  1 8
+   3
```

10
```
  1 1
+   3
```

11
```
  1 9
+   3
```

12
```
  1 3
+   3
```

13
```
  1 8
+   3
```

14
```
  1 1
+   3
```

15
```
  1 6
+   3
```

16
```
  1 7
+   3
```

17
```
  2 0
+   3
```

18
```
  1 5
+   3
```

SET II Date:_____ Start:_____ Finish:_____ Score:_____

1
```
  1 2
+   3
```

2
```
  1 4
+   3
```

3
```
  1 6
+   3
```

4
```
  1 4
+   3
```

5
```
  1 8
+   3
```

6
```
  2 0
+   3
```

7
```
  1 3
+   3
```

8
```
  1 9
+   3
```

9
```
  1 2
+   3
```

10
```
  1 1
+   3
```

11
```
  1 5
+   3
```

12
```
  1 7
+   3
```

13
```
  1 3
+   3
```

14
```
  2 0
+   3
```

15
```
  1 5
+   3
```

16
```
  1 1
+   3
```

17
```
  1 8
+   3
```

18
```
  1 6
+   3
```

Addition Facts

SET I

Date: _____ Start: _____ Finish: _____ Score: _____

1
```
  1 9
+   4
```

2
```
  1 6
+   4
```

3
```
  1 8
+   4
```

4
```
  1 2
+   4
```

5
```
  2 0
+   4
```

6
```
  1 1
+   4
```

7
```
  1 4
+   4
```

8
```
  1 5
+   4
```

9
```
  1 7
+   4
```

10
```
  1 3
+   4
```

11
```
  1 2
+   4
```

12
```
  1 4
+   4
```

13
```
  1 1
+   4
```

14
```
  1 7
+   4
```

15
```
  1 5
+   4
```

16
```
  1 6
+   4
```

17
```
  1 8
+   4
```

18
```
  1 9
+   4
```

SET II

Date: _____ Start: _____ Finish: _____ Score: _____

1
```
  2 0
+   4
```

2
```
  1 3
+   4
```

3
```
  1 1
+   4
```

4
```
  2 0
+   4
```

5
```
  1 4
+   4
```

6
```
  1 2
+   4
```

7
```
  1 7
+   4
```

8
```
  1 9
+   4
```

9
```
  1 5
+   4
```

10
```
  1 3
+   4
```

11
```
  1 8
+   4
```

12
```
  1 6
+   4
```

13
```
  1 6
+   4
```

14
```
  1 7
+   4
```

15
```
  1 8
+   4
```

16
```
  1 9
+   4
```

17
```
  1 2
+   4
```

18
```
  1 4
+   4
```

Practice: Adding 4 (to numbers from 11 to 20)

SET I   Date:_____   Start:_____   Finish:_____   Score:_____

1 17 + 4	**2** 18 + 4	**3** 20 + 4	**4** 14 + 4	**5** 19 + 4	**6** 13 + 4
7 15 + 4	**8** 16 + 4	**9** 12 + 4	**10** 11 + 4	**11** 11 + 4	**12** 19 + 4
13 12 + 4	**14** 15 + 4	**15** 14 + 4	**16** 16 + 4	**17** 17 + 4	**18** 20 + 4

SET II   Date:_____   Start:_____   Finish:_____   Score:_____

1 13 + 4	**2** 18 + 4	**3** 11 + 4	**4** 14 + 4	**5** 19 + 4	**6** 13 + 4
7 12 + 4	**8** 20 + 4	**9** 16 + 4	**10** 15 + 4	**11** 17 + 4	**12** 18 + 4
13 17 + 4	**14** 18 + 4	**15** 15 + 4	**16** 12 + 4	**17** 16 + 4	**18** 20 + 4

SET I   Date: _____   Start: _____   Finish: _____   Score: _____

(1)
```
   2 0
 +   5
```

(2)
```
   1 2
 +   5
```

(3)
```
   1 6
 +   5
```

(4)
```
   1 8
 +   5
```

(5)
```
   1 7
 +   5
```

(6)
```
   1 1
 +   5
```

(7)
```
   1 4
 +   5
```

(8)
```
   1 3
 +   5
```

(9)
```
   1 9
 +   5
```

(10)
```
   1 5
 +   5
```

(11)
```
   1 6
 +   5
```

(12)
```
   1 1
 +   5
```

(13)
```
   1 3
 +   5
```

(14)
```
   1 4
 +   5
```

(15)
```
   1 8
 +   5
```

(16)
```
   2 0
 +   5
```

(17)
```
   1 7
 +   5
```

(18)
```
   1 2
 +   5
```

SET II   Date: _____   Start: _____   Finish: _____   Score: _____

(1)
```
   1 9
 +   5
```

(2)
```
   1 5
 +   5
```

(3)
```
   1 2
 +   5
```

(4)
```
   1 5
 +   5
```

(5)
```
   2 0
 +   5
```

(6)
```
   1 3
 +   5
```

(7)
```
   1 1
 +   5
```

(8)
```
   1 4
 +   5
```

(9)
```
   1 9
 +   5
```

(10)
```
   1 8
 +   5
```

(11)
```
   1 7
 +   5
```

(12)
```
   1 6
 +   5
```

(13)
```
   1 5
 +   5
```

(14)
```
   1 6
 +   5
```

(15)
```
   1 8
 +   5
```

(16)
```
   1 7
 +   5
```

(17)
```
   1 1
 +   5
```

(18)
```
   2 0
 +   5
```

SET I   Date: _____   Start: _____   Finish: _____   Score: _____

1	2	3	4	5	6
1 8 + 5	2 0 + 5	1 6 + 5	1 5 + 5	1 4 + 5	1 9 + 5

7	8	9	10	11	12
1 3 + 5	1 1 + 5	1 7 + 5	1 2 + 5	1 2 + 5	2 0 + 5

13	14	15	16	17	18
1 4 + 5	1 6 + 5	1 3 + 5	1 9 + 5	1 8 + 5	1 5 + 5

SET II   Date: _____   Start: _____   Finish: _____   Score: _____

1	2	3	4	5	6
1 7 + 5	1 1 + 5	2 0 + 5	1 3 + 5	1 8 + 5	1 7 + 5

7	8	9	10	11	12
1 5 + 5	1 6 + 5	1 2 + 5	1 9 + 5	1 1 + 5	1 4 + 5

13	14	15	16	17	18
1 3 + 5	1 8 + 5	1 6 + 5	1 2 + 5	1 5 + 5	1 4 + 5

Addition Facts

SET I   Date: _____   Start: _____   Finish: _____   Score: _____

1.
```
  1 2
+   5
```

2.
```
  1 3
+   4
```

3.
```
  1 6
+   1
```

4.
```
  1 9
+   3
```

5.
```
  1 8
+   0
```

6.
```
  2 0
+   2
```

7.
```
  1 5
+   5
```

8.
```
  1 7
+   0
```

9.
```
  1 1
+   3
```

10.
```
  1 4
+   4
```

11.
```
  1 4
+   1
```

12.
```
  1 3
+   2
```

13.
```
  1 2
+   0
```

14.
```
  1 9
+   4
```

15.
```
  1 6
+   2
```

16.
```
  1 7
+   5
```

17.
```
  1 1
+   3
```

18.
```
  1 8
+   1
```

SET II   Date: _____   Start: _____   Finish: _____   Score: _____

1.
```
  1 5
+   0
```

2.
```
  2 0
+   2
```

3.
```
  2 0
+   4
```

4.
```
  1 3
+   5
```

5.
```
  1 8
+   1
```

6.
```
  1 1
+   3
```

7.
```
  1 2
+   4
```

8.
```
  1 4
+   2
```

9.
```
  1 9
+   1
```

10.
```
  1 7
+   3
```

11.
```
  1 6
+   0
```

12.
```
  1 5
+   5
```

13.
```
  1 9
+   0
```

14.
```
  1 1
+   1
```

15.
```
  2 0
+   2
```

16.
```
  1 4
+   4
```

17.
```
  1 8
+   3
```

18.
```
  1 5
+   5
```

Addition Facts   65

SET I   Date:_____   Start:_____   Finish:_____   Score:_____

1	2	3	4	5	6
1 2 + 2	1 3 + 5	1 5 + 4	1 4 + 1	1 6 + 3	1 7 + 0

7	8	9	10	11	12
1 1 + 0	1 8 + 1	2 0 + 2	1 9 + 5	1 3 + 4	1 7 + 3

13	14	15	16	17	18
1 2 + 2	1 8 + 1	1 4 + 4	2 0 + 0	1 9 + 5	1 5 + 3

SET II   Date:_____   Start:_____   Finish:_____   Score:_____

1	2	3	4	5	6
1 1 + 5	1 6 + 2	1 8 + 1	1 9 + 3	1 5 + 4	1 4 + 0

7	8	9	10	11	12
1 1 + 4	1 3 + 5	1 2 + 2	1 6 + 3	2 0 + 0	1 7 + 1

13	14	15	16	17	18
1 1 + 0	1 5 + 2	1 4 + 3	1 3 + 4	1 9 + 5	1 8 + 1

SET I   Date: _____   Start: _____   Finish: _____   Score: _____

1	2	3	4	5	6
1 4 + 5	1 1 + 4	1 9 + 0	1 8 + 1	1 6 + 2	1 7 + 3

7	8	9	10	11	12
1 5 + 1	1 3 + 3	2 0 + 4	1 2 + 0	1 7 + 2	1 3 + 5

13	14	15	16	17	18
2 0 + 5	1 4 + 4	1 9 + 3	1 2 + 1	1 6 + 0	1 5 + 2

SET II   Date: _____   Start: _____   Finish: _____   Score: _____

1	2	3	4	5	6
1 8 + 2	1 1 + 1	1 5 + 3	1 3 + 5	1 7 + 0	1 2 + 4

7	8	9	10	11	12
1 4 + 5	1 1 + 4	1 6 + 2	1 9 + 0	2 0 + 3	1 8 + 1

13	14	15	16	17	18
1 7 + 1	1 1 + 0	1 8 + 2	1 2 + 4	1 5 + 5	1 6 + 3

SET I   Date: _____   Start: _____   Finish: _____   Score: _____

1.
```
  1 6
+   5
```

2.
```
  1 2
+   3
```

3.
```
  1 7
+   4
```

4.
```
  1 3
+   0
```

5.
```
  2 0
+   2
```

6.
```
  1 9
+   1
```

7.
```
  1 8
+   5
```

8.
```
  1 1
+   2
```

9.
```
  1 4
+   4
```

10.
```
  1 5
+   3
```

11.
```
  1 5
+   1
```

12.
```
  1 3
+   0
```

13.
```
  1 1
+   1
```

14.
```
  1 6
+   2
```

15.
```
  2 0
+   5
```

16.
```
  1 8
+   4
```

17.
```
  1 2
+   0
```

18.
```
  1 9
+   3
```

SET II   Date: _____   Start: _____   Finish: _____   Score: _____

1.
```
  1 4
+   2
```

2.
```
  1 7
+   0
```

3.
```
  1 6
+   3
```

4.
```
  1 1
+   4
```

5.
```
  1 7
+   1
```

6.
```
  1 9
+   5
```

7.
```
  1 8
+   3
```

8.
```
  1 4
+   5
```

9.
```
  1 3
+   2
```

10.
```
  1 5
+   0
```

11.
```
  1 2
+   1
```

12.
```
  2 0
+   4
```

13.
```
  1 7
+   2
```

14.
```
  1 3
+   0
```

15.
```
  1 9
+   5
```

16.
```
  1 1
+   1
```

17.
```
  1 6
+   3
```

18.
```
  1 4
+   4
```

Addition Facts

SET I   Date: _____   Start: _____   Finish: _____   Score: _____

1	2	3	4	5	6
1 7 + 0	1 2 + 5	1 6 + 3	1 3 + 1	1 9 + 2	1 1 + 4

7	8	9	10	11	12
1 4 + 0	2 0 + 5	1 8 + 4	1 5 + 3	1 8 + 2	1 3 + 1

13	14	15	16	17	18
2 0 + 2	1 9 + 5	1 6 + 0	1 2 + 4	1 5 + 1	1 1 + 3

SET II   Date: _____   Start: _____   Finish: _____   Score: _____

1	2	3	4	5	6
1 7 + 4	1 4 + 3	1 4 + 2	1 6 + 1	1 5 + 0	2 0 + 5

7	8	9	10	11	12
1 2 + 4	1 1 + 5	1 9 + 0	1 3 + 2	1 8 + 1	1 7 + 3

13	14	15	16	17	18
1 4 + 1	1 2 + 3	2 0 + 0	1 9 + 2	1 1 + 4	1 5 + 5

SET I   Date: _____   Start: _____   Finish: _____   Score: _____

1	2	3	4	5	6
1 3 + 1	1 4 + 3	1 5 + 4	1 1 + 2	1 7 + 0	1 9 + 5

7	8	9	10	11	12
2 0 + 0	1 8 + 2	1 2 + 3	1 6 + 1	1 1 + 5	1 5 + 4

13	14	15	16	17	18
1 7 + 4	1 4 + 2	1 8 + 3	2 0 + 0	1 2 + 1	1 3 + 5

SET II   Date: _____   Start: _____   Finish: _____   Score: _____

1	2	3	4	5	6
1 9 + 0	1 6 + 5	1 1 + 4	1 6 + 3	1 4 + 2	1 2 + 1

7	8	9	10	11	12
2 0 + 1	1 7 + 5	1 9 + 2	1 5 + 4	1 8 + 3	1 3 + 0

13	14	15	16	17	18
1 1 + 1	1 2 + 5	1 7 + 3	1 4 + 2	1 9 + 4	1 3 + 0

SET I   Date: _____   Start: _____   Finish: _____   Score: _____

1
```
   1 7
+    6
_____
```

2
```
   1 6
+    6
_____
```

3
```
   2 0
+    6
_____
```

4
```
   1 4
+    6
_____
```

5
```
   1 5
+    6
_____
```

6
```
   1 2
+    6
_____
```

7
```
   1 8
+    6
_____
```

8
```
   1 1
+    6
_____
```

9
```
   1 9
+    6
_____
```

10
```
   1 3
+    6
_____
```

11
```
   1 8
+    6
_____
```

12
```
   1 7
+    6
_____
```

13
```
   2 0
+    6
_____
```

14
```
   1 4
+    6
_____
```

15
```
   1 5
+    6
_____
```

16
```
   1 1
+    6
_____
```

17
```
   1 6
+    6
_____
```

18
```
   1 2
+    6
_____
```

SET II   Date: _____   Start: _____   Finish: _____   Score: _____

1
```
   1 3
+    6
_____
```

2
```
   1 9
+    6
_____
```

3
```
   1 9
+    6
_____
```

4
```
   1 5
+    6
_____
```

5
```
   1 1
+    6
_____
```

6
```
   1 6
+    6
_____
```

7
```
   1 3
+    6
_____
```

8
```
   1 8
+    6
_____
```

9
```
   1 2
+    6
_____
```

10
```
   1 4
+    6
_____
```

11
```
   2 0
+    6
_____
```

12
```
   1 7
+    6
_____
```

13
```
   1 5
+    6
_____
```

14
```
   1 7
+    6
_____
```

15
```
   1 2
+    6
_____
```

16
```
   1 3
+    6
_____
```

17
```
   1 1
+    6
_____
```

18
```
   1 4
+    6
_____
```

Practice: Adding 6 (to numbers from 11 to 20)

SET I Date:_____ Start:_____ Finish:_____ Score:_____

1	2	3	4	5	6
1 6 + 6	1 3 + 6	1 9 + 6	2 0 + 6	1 7 + 6	1 4 + 6

7	8	9	10	11	12
1 8 + 6	1 2 + 6	1 1 + 6	1 5 + 6	1 9 + 6	1 7 + 6

13	14	15	16	17	18
1 1 + 6	2 0 + 6	1 5 + 6	1 3 + 6	1 8 + 6	1 6 + 6

SET II Date:_____ Start:_____ Finish:_____ Score:_____

1	2	3	4	5	6
1 4 + 6	1 2 + 6	1 5 + 6	1 7 + 6	2 0 + 6	1 4 + 6

7	8	9	10	11	12
1 6 + 6	1 9 + 6	1 8 + 6	1 3 + 6	1 1 + 6	1 2 + 6

13	14	15	16	17	18
1 2 + 6	2 0 + 6	1 1 + 6	1 9 + 6	1 7 + 6	1 4 + 6

Addition Facts

SET I Date: _____ Start: _____ Finish: _____ Score: _____

1.
```
  1 3
+   7
```

2.
```
  1 6
+   7
```

3.
```
  1 8
+   7
```

4.
```
  2 0
+   7
```

5.
```
  1 7
+   7
```

6.
```
  1 1
+   7
```

7.
```
  1 5
+   7
```

8.
```
  1 9
+   7
```

9.
```
  1 2
+   7
```

10.
```
  1 4
+   7
```

11.
```
  1 6
+   7
```

12.
```
  1 3
+   7
```

13.
```
  1 5
+   7
```

14.
```
  1 7
+   7
```

15.
```
  1 4
+   7
```

16.
```
  1 1
+   7
```

17.
```
  1 8
+   7
```

18.
```
  1 9
+   7
```

SET II Date: _____ Start: _____ Finish: _____ Score: _____

1.
```
  1 2
+   7
```

2.
```
  2 0
+   7
```

3.
```
  1 4
+   7
```

4.
```
  1 1
+   7
```

5.
```
  1 8
+   7
```

6.
```
  1 3
+   7
```

7.
```
  1 6
+   7
```

8.
```
  2 0
+   7
```

9.
```
  1 9
+   7
```

10.
```
  1 5
+   7
```

11.
```
  1 7
+   7
```

12.
```
  1 2
+   7
```

13.
```
  1 6
+   7
```

14.
```
  2 0
+   7
```

15.
```
  1 3
+   7
```

16.
```
  1 4
+   7
```

17.
```
  1 1
+   7
```

18.
```
  1 5
+   7
```

SET I Date:_____ Start:_____ Finish:_____ Score:_____

1
```
   1 2
+    7
```

2
```
   1 6
+    7
```

3
```
   1 7
+    7
```

4
```
   1 5
+    7
```

5
```
   2 0
+    7
```

6
```
   1 8
+    7
```

7
```
   1 4
+    7
```

8
```
   1 3
+    7
```

9
```
   1 9
+    7
```

10
```
   1 1
+    7
```

11
```
   1 1
+    7
```

12
```
   1 3
+    7
```

13
```
   1 2
+    7
```

14
```
   2 0
+    7
```

15
```
   1 8
+    7
```

16
```
   1 9
+    7
```

17
```
   1 6
+    7
```

18
```
   1 5
+    7
```

SET II Date:_____ Start:_____ Finish:_____ Score:_____

1
```
   1 7
+    7
```

2
```
   1 4
+    7
```

3
```
   1 9
+    7
```

4
```
   1 8
+    7
```

5
```
   1 5
+    7
```

6
```
   1 4
+    7
```

7
```
   2 0
+    7
```

8
```
   1 7
+    7
```

9
```
   1 6
+    7
```

10
```
   1 3
+    7
```

11
```
   1 1
+    7
```

12
```
   1 2
+    7
```

13
```
   1 4
+    7
```

14
```
   1 2
+    7
```

15
```
   1 8
+    7
```

16
```
   1 6
+    7
```

17
```
   1 5
+    7
```

18
```
   1 7
+    7
```

Addition Facts

SET I   Date: _____   Start: _____   Finish: _____   Score: _____

1	2	3	4	5	6
1 3 + 8	1 4 + 8	1 1 + 8	1 6 + 8	1 5 + 8	2 0 + 8

7	8	9	10	11	12
1 8 + 8	1 9 + 8	1 7 + 8	1 2 + 8	1 4 + 8	1 1 + 8

13	14	15	16	17	18
1 5 + 8	2 0 + 8	1 7 + 8	1 9 + 8	1 2 + 8	1 6 + 8

SET II   Date: _____   Start: _____   Finish: _____   Score: _____

1	2	3	4	5	6
1 8 + 8	1 3 + 8	1 3 + 8	1 6 + 8	1 1 + 8	1 8 + 8

7	8	9	10	11	12
1 2 + 8	1 9 + 8	1 5 + 8	1 4 + 8	1 7 + 8	2 0 + 8

13	14	15	16	17	18
1 2 + 8	1 7 + 8	1 3 + 8	1 9 + 8	1 6 + 8	1 4 + 8

SET I   Date:_____   Start:_____   Finish:_____   Score:_____

1
```
  1 4
+   8
```

2
```
  1 1
+   8
```

3
```
  1 8
+   8
```

4
```
  1 9
+   8
```

5
```
  1 5
+   8
```

6
```
  1 6
+   8
```

7
```
  1 2
+   8
```

8
```
  1 7
+   8
```

9
```
  2 0
+   8
```

10
```
  1 3
+   8
```

11
```
  1 8
+   8
```

12
```
  1 4
+   8
```

13
```
  1 7
+   8
```

14
```
  1 5
+   8
```

15
```
  2 0
+   8
```

16
```
  1 3
+   8
```

17
```
  1 2
+   8
```

18
```
  1 1
+   8
```

SET II   Date:_____   Start:_____   Finish:_____   Score:_____

1
```
  1 9
+   8
```

2
```
  1 6
+   8
```

3
```
  1 3
+   8
```

4
```
  1 2
+   8
```

5
```
  1 8
+   8
```

6
```
  1 7
+   8
```

7
```
  1 5
+   8
```

8
```
  1 1
+   8
```

9
```
  1 6
+   8
```

10
```
  1 9
+   8
```

11
```
  2 0
+   8
```

12
```
  1 4
+   8
```

13
```
  1 3
+   8
```

14
```
  1 7
+   8
```

15
```
  1 5
+   8
```

16
```
  1 6
+   8
```

17
```
  1 1
+   8
```

18
```
  2 0
+   8
```

SET I   Date: _____   Start: _____   Finish: _____   Score: _____

1
```
  1 5
+   9
```

2
```
  1 8
+   9
```

3
```
  1 3
+   9
```

4
```
  1 4
+   9
```

5
```
  1 1
+   9
```

6
```
  1 9
+   9
```

7
```
  1 7
+   9
```

8
```
  1 2
+   9
```

9
```
  2 0
+   9
```

10
```
  1 6
+   9
```

11
```
  1 3
+   9
```

12
```
  1 1
+   9
```

13
```
  1 5
+   9
```

14
```
  1 8
+   9
```

15
```
  1 4
+   9
```

16
```
  1 6
+   9
```

17
```
  1 9
+   9
```

18
```
  1 2
+   9
```

SET II   Date: _____   Start: _____   Finish: _____   Score: _____

1
```
  1 7
+   9
```

2
```
  2 0
+   9
```

3
```
  1 8
+   9
```

4
```
  1 5
+   9
```

5
```
  1 1
+   9
```

6
```
  1 9
+   9
```

7
```
  2 0
+   9
```

8
```
  1 4
+   9
```

9
```
  1 3
+   9
```

10
```
  1 6
+   9
```

11
```
  1 2
+   9
```

12
```
  1 7
+   9
```

13
```
  1 9
+   9
```

14
```
  1 3
+   9
```

15
```
  1 6
+   9
```

16
```
  1 2
+   9
```

17
```
  1 7
+   9
```

18
```
  1 4
+   9
```

Addition Facts

SET I   Date: _____   Start: _____   Finish: _____   Score: _____

1
```
  1 8
+   9
_____
```

2
```
  1 7
+   9
_____
```

3
```
  1 3
+   9
_____
```

4
```
  1 9
+   9
_____
```

5
```
  1 4
+   9
_____
```

6
```
  1 6
+   9
_____
```

7
```
  1 2
+   9
_____
```

8
```
  1 5
+   9
_____
```

9
```
  2 0
+   9
_____
```

10
```
  1 1
+   9
_____
```

11
```
  1 3
+   9
_____
```

12
```
  2 0
+   9
_____
```

13
```
  1 6
+   9
_____
```

14
```
  1 4
+   9
_____
```

15
```
  1 7
+   9
_____
```

16
```
  1 1
+   9
_____
```

17
```
  1 9
+   9
_____
```

18
```
  1 5
+   9
_____
```

 SET II   Date: _____   Start: _____   Finish: _____   Score: _____

1
```
  1 8
+   9
_____
```

2
```
  1 2
+   9
_____
```

3
```
  1 5
+   9
_____
```

4
```
  1 1
+   9
_____
```

5
```
  1 6
+   9
_____
```

6
```
  1 9
+   9
_____
```

7
```
  1 3
+   9
_____
```

8
```
  1 7
+   9
_____
```

9
```
  1 8
+   9
_____
```

10
```
  1 2
+   9
_____
```

11
```
  2 0
+   9
_____
```

12
```
  1 4
+   9
_____
```

13
```
  1 2
+   9
_____
```

14
```
  2 0
+   9
_____
```

15
```
  1 3
+   9
_____
```

16
```
  1 8
+   9
_____
```

17
```
  1 1
+   9
_____
```

18
```
  1 6
+   9
_____
```

SET I

Date: _____ Start: _____ Finish: _____ Score: _____

1
```
  1 9
+ 1 0
```

2
```
  1 4
+   1
```

3
```
  1 7
+   9
```

4
```
  1 2
+   0
```

5
```
  1 8
+   2
```

6
```
  1 3
+   7
```

7
```
  2 0
+   4
```

8
```
  1 1
+   6
```

9
```
  1 6
+   8
```

10
```
  1 5
+   3
```

11
```
  1 4
+   5
```

12
```
  1 7
+   0
```

13
```
  1 2
+   6
```

14
```
  2 0
+   3
```

15
```
  1 8
+   5
```

16
```
  1 5
+   7
```

17
```
  1 9
+   4
```

18
```
  1 1
+   8
```

SET II

Date: _____ Start: _____ Finish: _____ Score: _____

1
```
  1 6
+   1
```

2
```
  1 3
+   2
```

3
```
  1 7
+ 1 0
```

4
```
  2 0
+   9
```

5
```
  1 9
+   7
```

6
```
  1 8
+   4
```

7
```
  1 3
+   0
```

8
```
  1 2
+   5
```

9
```
  1 6
+   9
```

10
```
  1 5
+   3
```

11
```
  1 4
+   8
```

12
```
  1 1
+   6
```

13
```
  1 8
+ 1 0
```

14
```
  2 0
+   2
```

15
```
  1 7
+   1
```

16
```
  1 2
+   7
```

17
```
  1 6
+   1
```

18
```
  1 4
+   0
```

Addition Facts

SET I   Date:_____   Start:_____   Finish:_____   Score:_____

1	2	3	4	5	6
1 9 + 1	1 1 + 3	1 4 + 7	1 6 + 6	1 7 + 1 0	1 2 + 9

7	8	9	10	11	12
1 8 + 0	2 0 + 8	1 3 + 4	1 5 + 2	1 6 + 5	1 5 + 8

13	14	15	16	17	18
1 7 + 4	2 0 + 7	1 1 + 3	1 2 + 0	1 3 + 5	1 9 + 6

SET II   Date:_____   Start:_____   Finish:_____   Score:_____

1	2	3	4	5	6
1 4 + 1 0	1 8 + 9	1 4 + 2	1 5 + 1	1 3 + 6	1 2 + 1

7	8	9	10	11	12
2 0 + 2	1 6 + 4	1 9 + 8	1 1 + 5	1 8 + 3	1 7 + 7

13	14	15	16	17	18
1 7 + 9	1 4 + 1 0	1 8 + 0	1 1 + 0	1 6 + 3	1 5 + 6

Addition Facts

SET I

Date: _____ Start: _____ Finish: _____ Score: _____

1
```
  1 2
+   3
```

2
```
  1 8
+   8
```

3
```
  1 1
+   0
```

4
```
  1 3
+   7
```

5
```
  1 6
+   1
```

6
```
  1 7
+   4
```

7
```
  2 0
+   5
```

8
```
  1 5
+ 1 0
```

9
```
  1 9
+   9
```

10
```
  1 4
+   6
```

11
```
  1 6
+   2
```

12
```
  1 3
+   9
```

13
```
  1 5
+   2
```

14
```
  1 2
+   0
```

15
```
  1 1
+   6
```

16
```
  1 9
+   3
```

17
```
  1 8
+   4
```

18
```
  1 4
+ 1 0
```

SET II

Date: _____ Start: _____ Finish: _____ Score: _____

1
```
  2 0
+   7
```

2
```
  1 7
+   8
```

3
```
  1 9
+   1
```

4
```
  1 3
+   5
```

5
```
  1 6
+   9
```

6
```
  2 0
+   4
```

7
```
  1 1
+   6
```

8
```
  1 7
+   3
```

9
```
  1 8
+   1
```

10
```
  1 4
+   5
```

11
```
  1 5
+   7
```

12
```
  1 2
+   2
```

13
```
  1 4
+   0
```

14
```
  1 7
+   8
```

15
```
  1 2
+ 1 0
```

16
```
  1 3
+   4
```

17
```
  1 8
+   5
```

18
```
  1 6
+   7
```

SET I

Date:_____ Start:_____ Finish:_____ Score:_____

1	2	3	4	5	6
1 6 + 7	1 8 + 1	1 1 + 5	2 0 + 2	1 4 + 0	1 3 + 8

7	8	9	10	11	12
1 2 + 9	1 9 + 4	1 5 + 3	1 7 + 6	1 3 + 1 0	1 9 + 7

13	14	15	16	17	18
1 5 + 1 0	1 6 + 8	1 2 + 6	1 1 + 2	2 0 + 3	1 8 + 5

SET II

Date:_____ Start:_____ Finish:_____ Score:_____

1	2	3	4	5	6
1 4 + 0	1 7 + 1	2 0 + 9	1 9 + 4	1 5 + 6	1 7 + 1

7	8	9	10	11	12
1 4 + 7	1 6 + 3	1 3 + 1 0	1 1 + 9	1 8 + 0	1 2 + 4

13	14	15	16	17	18
1 4 + 5	1 7 + 8	1 5 + 2	1 2 + 1	1 3 + 6	2 0 + 0

Addition Facts

SET I

Date: _____ Start: _____ Finish: _____ Score: _____

1

```
    2
+   5
```

2

```
    1
+   1
```

3

```
  1 6
+   3
```

4

```
  1 8
+   4
```

5

```
  1 0
+   0
```

6

```
    5
+   2
```

7

```
    7
+   9
```

8

```
    6
+ 1 0
```

9

```
  2 0
+   8
```

10

```
    9
+   6
```

11

```
  1 7
+   7
```

12

```
  1 3
+   4
```

13

```
    4
+   3
```

14

```
  1 2
+   7
```

15

```
  1 4
+ 1 0
```

16

```
    0
+   9
```

17

```
  1 1
+   8
```

18

```
  1 9
+   5
```

SET II

Date: _____ Start: _____ Finish: _____ Score: _____

1

```
    3
+   0
```

2

```
  1 5
+   1
```

3

```
    8
+   2
```

4

```
    5
+   6
```

5

```
  1 2
+   0
```

6

```
  1 1
+   3
```

7

```
  1 8
+   5
```

8

```
  2 0
+   9
```

9

```
    7
+   1
```

10

```
  1 4
+   4
```

11

```
  1 9
+   2
```

12

```
    3
+ 1 0
```

13

```
    4
+   7
```

14

```
    1
+   6
```

15

```
  1 7
+   8
```

16

```
    9
+   6
```

17

```
  1 3
+   5
```

18

```
    8
+   8
```

Addition Facts

SET I   Date:_____   Start:_____   Finish:_____   Score:_____

1)
```
    9
+ 1 0
_____
```

2)
```
    5
+   6
_____
```

3)
```
    6
+   5
_____
```

4)
```
    0
+   2
_____
```

5)
```
    4
+   9
_____
```

6)
```
  1 2
+   1
_____
```

7)
```
  1 3
+   7
_____
```

8)
```
  1 6
+   0
_____
```

9)
```
  1 9
+   4
_____
```

10)
```
    8
+   8
_____
```

11)
```
  1 8
+   3
_____
```

12)
```
  1 1
+   7
_____
```

13)
```
  1 5
+   2
_____
```

14)
```
    7
+   1
_____
```

15)
```
    1
+   0
_____
```

16)
```
    2
+   3
_____
```

17)
```
  2 0
+   4
_____
```

18)
```
  1 7
+   9
_____
```

SET II   Date:_____   Start:_____   Finish:_____   Score:_____

1)
```
  1 4
+ 1 0
_____
```

2)
```
    3
+   5
_____
```

3)
```
  1 0
+   6
_____
```

4)
```
    9
+   8
_____
```

5)
```
    2
+   4
_____
```

6)
```
  2 0
+   5
_____
```

7)
```
  1 3
+ 1 0
_____
```

8)
```
    7
+   7
_____
```

9)
```
  1 7
+   2
_____
```

10)
```
    5
+   9
_____
```

11)
```
    1
+   6
_____
```

12)
```
  1 6
+   8
_____
```

13)
```
    8
+   3
_____
```

14)
```
    4
+   0
_____
```

15)
```
  1 5
+   1
_____
```

16)
```
    0
+   4
_____
```

17)
```
  1 1
+   1
_____
```

18)
```
  1 4
+   0
_____
```

Addition Facts

SET I   Date: _____   Start: _____   Finish: _____   Score: _____

1
```
    0
+   0
```

2
```
    3
+   3
```

3
```
    6
+   9
```

4
```
  1 3
+   5
```

5
```
    7
+   8
```

6
```
  1 7
+   6
```

7
```
    9
+   1
```

8
```
    2
+   7
```

9
```
    5
+   4
```

10
```
    1
+ 1 0
```

11
```
  1 4
+   2
```

12
```
  1 0
+   3
```

13
```
  1 1
+   1
```

14
```
  1 9
+   9
```

15
```
    4
+   7
```

16
```
  1 2
+   2
```

17
```
  1 6
+ 1 0
```

18
```
  2 0
+   6
```

SET II   Date: _____   Start: _____   Finish: _____   Score: _____

1
```
  1 8
+   4
```

2
```
    8
+   0
```

3
```
  1 5
+   5
```

4
```
    3
+   8
```

5
```
  1 6
+   6
```

6
```
    2
+   8
```

7
```
    4
+   4
```

8
```
  1 9
+   0
```

9
```
  1 1
+   1
```

10
```
  1 4
+   7
```

11
```
    6
+   5
```

12
```
  1 3
+   9
```

13
```
  1 2
+   3
```

14
```
  1 7
+ 1 0
```

15
```
    9
+   2
```

16
```
    0
+   9
```

17
```
  1 5
+   0
```

18
```
    1
+   1
```

SET I Date: _____ Start: _____ Finish: _____ Score: _____

1.
```
    9
+   9
```

2.
```
  1 7
+   5
```

3.
```
  1 0
+   1
```

4.
```
  1 2
+   2
```

5.
```
  1 3
+   6
```

6.
```
    4
+   7
```

7.
```
    3
+ 1 0
```

8.
```
    8
+   8
```

9.
```
  1 4
+   4
```

10.
```
  1 1
+   0
```

11.
```
  1 6
+   3
```

12.
```
    0
+   7
```

13.
```
    5
+   8
```

14.
```
  1 9
+   4
```

15.
```
  1 8
+   1
```

16.
```
    7
+   0
```

17.
```
    6
+   9
```

18.
```
    1
+   5
```

SET II Date: _____ Start: _____ Finish: _____ Score: _____

1.
```
    2
+   2
```

2.
```
  2 0
+   6
```

3.
```
  1 5
+ 1 0
```

4.
```
    1
+   3
```

5.
```
  1 0
+   1
```

6.
```
    0
+   8
```

7.
```
    6
+   0
```

8.
```
    4
+   2
```

9.
```
    3
+   4
```

10.
```
  1 8
+   7
```

11.
```
    2
+   9
```

12.
```
  1 3
+   5
```

13.
```
    5
+ 1 0
```

14.
```
  1 2
+   6
```

15.
```
    7
+   3
```

16.
```
  2 0
+   1
```

17.
```
  1 9
+   2
```

18.
```
    8
+   7
```

Addition Facts

SET I   Date: _____   Start: _____   Finish: _____   Score: _____

1	2	3	4	5	6
6 + 4	2 0 + 5	1 1 + 9	8 + 2	7 + 1	3 + 7

7	8	9	10	11	12
1 + 8	1 6 + 3	2 + 6	1 4 + 1 0	0 + 0	1 0 + 7

13	14	15	16	17	18
1 8 + 6	1 7 + 9	4 + 1 0	1 9 + 1	1 2 + 2	9 + 3

SET II   Date: _____   Start: _____   Finish: _____   Score: _____

1	2	3	4	5	6
1 3 + 4	1 5 + 5	5 + 0	9 + 8	1 0 + 8	6 + 1

7	8	9	10	11	12
1 5 + 3	1 7 + 0	1 3 + 9	3 + 4	7 + 5	1 4 + 2

13	14	15	16	17	18
5 + 6	1 6 + 1 0	2 0 + 7	1 2 + 8	0 + 7	2 + 1 0

Addition Facts Reference

0 +

0	+	1	=	1
0	+	2	=	2
0	+	3	=	3
0	+	4	=	4
0	+	5	=	5
0	+	6	=	6
0	+	7	=	7
0	+	8	=	8
0	+	9	=	9
0	+	10	=	10

1 +

1	+	1	=	2
1	+	2	=	3
1	+	3	=	4
1	+	4	=	5
1	+	5	=	6
1	+	6	=	7
1	+	7	=	8
1	+	8	=	9
1	+	9	=	10
1	+	10	=	11

2 +

2	+	1	=	3
2	+	2	=	4
2	+	3	=	5
2	+	4	=	6
2	+	5	=	7
2	+	6	=	8
2	+	7	=	9
2	+	8	=	10
2	+	9	=	11
2	+	10	=	12

3 +

3	+	1	=	4
3	+	2	=	5
3	+	3	=	6
3	+	4	=	7
3	+	5	=	8
3	+	6	=	9
3	+	7	=	10
3	+	8	=	11
3	+	9	=	12
3	+	10	=	13

4 +

4	+	1	=	5
4	+	2	=	6
4	+	3	=	7
4	+	4	=	8
4	+	5	=	9
4	+	6	=	10
4	+	7	=	11
4	+	8	=	12
4	+	9	=	13
4	+	10	=	14

5 +

5	+	1	=	6
5	+	2	=	7
5	+	3	=	8
5	+	4	=	9
5	+	5	=	10
5	+	6	=	11
5	+	7	=	12
5	+	8	=	13
5	+	9	=	14
5	+	10	=	15

6 +

6	+	1	=	7
6	+	2	=	8
6	+	3	=	9
6	+	4	=	10
6	+	5	=	11
6	+	6	=	12
6	+	7	=	13
6	+	8	=	14
6	+	9	=	15
6	+	10	=	16

7 +

7	+	1	=	8
7	+	2	=	9
7	+	3	=	10
7	+	4	=	11
7	+	5	=	12
7	+	6	=	13
7	+	7	=	14
7	+	8	=	15
7	+	9	=	16
7	+	10	=	17

8 +

8	+	1	=	9
8	+	2	=	10
8	+	3	=	11
8	+	4	=	12
8	+	5	=	13
8	+	6	=	14
8	+	7	=	15
8	+	8	=	16
8	+	9	=	17
8	+	10	=	18

9 +

9	+	1	=	10
9	+	2	=	11
9	+	3	=	12
9	+	4	=	13
9	+	5	=	14
9	+	6	=	15
9	+	7	=	16
9	+	8	=	17
9	+	9	=	18
9	+	10	=	19

10 +

10	+	1	=	11
10	+	2	=	12
10	+	3	=	13
10	+	4	=	14
10	+	5	=	15
10	+	6	=	16
10	+	7	=	17
10	+	8	=	18
10	+	9	=	19
10	+	10	=	20

11 +

11	+	1	=	12
11	+	2	=	13
11	+	3	=	14
11	+	4	=	15
11	+	5	=	16
11	+	6	=	17
11	+	7	=	18
11	+	8	=	19
11	+	9	=	20
11	+	10	=	21

Answer Key

Page 1

Set I						Set II					
1. 6	2. 10	3. 2	4. 7	5. 5	6. 8	1. 1	2. 7	3. 2	4. 0	5. 4	6. 5
7. 1	8. 0	9. 3	10. 9	11. 4	12. 8	7. 10	8. 8	9. 3	10. 2	11. 6	12. 0
13. 9	14. 5	15. 3	16. 4	17. 6	18. 10	13. 1	14. 7	15. 9	16. 4	17. 0	18. 9

Page 2

Set I						Set II					
1. 7	2. 10	3. 8	4. 0	5. 5	6. 9	1. 5	2. 10	3. 4	4. 3	5. 5	6. 7
7. 2	8. 3	9. 1	10. 6	11. 4	12. 2	7. 3	8. 2	9. 1	10. 0	11. 10	12. 9
13. 7	14. 0	15. 6	16. 9	17. 8	18. 1	13. 6	14. 4	15. 8	16. 9	17. 3	18. 10

Page 3

Set I						Set II					
1. 11	2. 5	3. 4	4. 10	5. 8	6. 9	1. 10	2. 4	3. 6	4. 2	5. 2	6. 11
7. 6	8. 1	9. 7	10. 2	11. 3	12. 5	7. 6	8. 7	9. 9	10. 10	11. 3	12. 8
13. 7	14. 11	15. 9	16. 3	17. 8	18. 1	13. 1	14. 4	15. 5	16. 11	17. 8	18. 9

Page 4

Set I						Set II					
1. 7	2. 2	3. 3	4. 5	5. 4	6. 10	1. 10	2. 2	3. 4	4. 5	5. 7	6. 6
7. 11	8. 9	9. 6	10. 1	11. 8	12. 11	7. 3	8. 4	9. 1	10. 2	11. 5	12. 9
13. 9	14. 6	15. 7	16. 8	17. 3	18. 1	13. 11	14. 10	15. 8	16. 5	17. 4	18. 3

Page 5

Set I						Set II					
1. 10	2. 6	3. 9	4. 8	5. 3	6. 7	1. 8	2. 9	3. 6	4. 11	5. 2	6. 6
7. 2	8. 12	9. 5	10. 4	11. 11	12. 4	7. 7	8. 8	9. 3	10. 10	11. 5	12. 12
13. 2	14. 3	15. 7	16. 5	17. 10	18. 12	13. 11	14. 4	15. 9	16. 10	17. 3	18. 4

Page 6

Set I						Set II					
1. 11	2. 12	3. 3	4. 6	5. 5	6. 9	1. 8	2. 4	3. 7	4. 3	5. 5	6. 4
7. 10	8. 7	9. 4	10. 8	11. 2	12. 6	7. 3	8. 6	9. 11	10. 7	11. 8	12. 12
13. 5	14. 12	15. 11	16. 2	17. 9	18. 10	13. 9	14. 10	15. 2	16. 11	17. 2	18. 10

Page 7

Set I						Set II					
1. 12	2. 4	3. 6	4. 8	5. 9	6. 11	1. 3	2. 10	3. 4	4. 12	5. 4	6. 12
7. 5	8. 10	9. 3	10. 7	11. 2	12. 2	7. 6	8. 10	9. 11	10. 9	11. 3	12. 7
13. 6	14. 11	15. 7	16. 9	17. 8	18. 5	13. 8	14. 5	15. 2	16. 6	17. 7	18. 4

Page 8

Set I						Set II					
1. 5	2. 6	3. 4	4. 11	5. 8	6. 2	1. 5	2. 2	3. 3	4. 9	5. 11	6. 10
7. 7	8. 10	9. 12	10. 9	11. 3	12. 10	7. 2	8. 7	9. 9	10. 8	11. 4	12. 6
13. 7	14. 8	15. 6	16. 12	17. 11	18. 4	13. 3	14. 5	15. 12	16. 2	17. 5	18. 8

Page 9

Set I						Set II					
1. 10	2. 9	3. 5	4. 11	5. 8	6. 12	1. 3	2. 8	3. 6	4. 7	5. 10	6. 12
7. 13	8. 4	9. 6	10. 3	11. 7	12. 12	7. 6	8. 13	9. 4	10. 11	11. 8	12. 3
13. 11	14. 5	15. 13	16. 9	17. 4	18. 10	13. 7	14. 9	15. 5	16. 7	17. 5	18. 9

Page 10

Set I						Set II					
1. 13	2. 4	3. 8	4. 10	5. 11	6. 3	1. 6	2. 10	3. 3	4. 5	5. 10	6. 7
7. 5	8. 6	9. 9	10. 7	11. 12	12. 12	7. 11	8. 8	9. 12	10. 13	11. 4	12. 9
13. 11	14. 9	15. 4	16. 13	17. 7	18. 8	13. 6	14. 5	15. 3	16. 9	17. 11	18. 5

Page 11

Set I						Set II					
1. 3	2. 7	3. 13	4. 5	5. 6	6. 12	1. 8	2. 11	3. 7	4. 4	5. 13	6. 5
7. 11	8. 8	9. 9	10. 10	11. 4	12. 3	7. 12	8. 11	9. 6	10. 3	11. 10	12. 8
13. 10	14. 5	15. 6	16. 13	17. 12	18. 9	13. 7	14. 9	15. 4	16. 10	17. 9	18. 8

Page 12

Set I						Set II					
1. 12	2. 9	3. 5	4. 4	5. 11	6. 8	1. 13	2. 11	3. 4	4. 3	5. 11	6. 13
7. 3	8. 13	9. 6	10. 7	11. 10	12. 7	7. 10	8. 12	9. 8	10. 7	11. 3	12. 9
13. 12	14. 9	15. 10	16. 6	17. 5	18. 8	13. 4	14. 6	15. 5	16. 3	17. 8	18. 10

Page 13

	Set I							Set II				
1. 5	2. 11	3. 14	4. 12	5. 6	6. 7		1. 9	2. 11	3. 6	4. 10	5. 10	6. 9
7. 4	8. 8	9. 13	10. 10	11. 9	12. 13		7. 14	8. 11	9. 4	10. 13	11. 5	12. 6
13. 8	14. 12	15. 14	16. 7	17. 5	18. 4		13. 8	14. 12	15. 7	16. 14	17. 13	18. 6

Page 14

	Set I							Set II				
1. 11	2. 12	3. 7	4. 9	5. 5	6. 13		1. 11	2. 10	3. 12	4. 4	5. 13	6. 11
7. 14	8. 4	9. 8	10. 10	11. 6	12. 9		7. 9	8. 14	9. 4	10. 12	11. 7	12. 6
13. 6	14. 5	15. 14	16. 8	17. 13	18. 7		13. 10	14. 5	15. 8	16. 9	17. 5	18. 8

Page 15

	Set I							Set II				
1. 11	2. 4	3. 6	4. 12	5. 14	6. 10		1. 6	2. 10	3. 5	4. 8	5. 12	6. 11
7. 9	8. 13	9. 8	10. 5	11. 7	12. 12		7. 10	8. 6	9. 9	10. 7	11. 5	12. 14
13. 9	14. 4	15. 7	16. 11	17. 14	18. 13		13. 8	14. 13	15. 4	16. 9	17. 6	18. 5

Page 16

	Set I							Set II				
1. 9	2. 4	3. 6	4. 12	5. 11	6. 13		1. 9	2. 8	3. 10	4. 12	5. 6	6. 5
7. 10	8. 8	9. 14	10. 7	11. 5	12. 11		7. 14	8. 7	9. 4	10. 12	11. 13	12. 9
13. 6	14. 5	15. 14	16. 7	17. 4	18. 13		13. 8	14. 11	15. 10	16. 6	17. 9	18. 12

Page 17

	Set I							Set II				
1. 11	2. 10	3. 15	4. 13	5. 14	6. 8		1. 11	2. 15	3. 13	4. 12	5. 10	6. 11
7. 7	8. 9	9. 5	10. 6	11. 12	12. 14		7. 15	8. 14	9. 5	10. 6	11. 12	12. 8
13. 7	14. 5	15. 8	16. 6	17. 9	18. 10		13. 7	14. 13	15. 9	16. 6	17. 8	18. 14

Page 18

	Set I							Set II				
1. 11	2. 14	3. 10	4. 7	5. 12	6. 8		1. 12	2. 14	3. 10	4. 9	5. 8	6. 13
7. 15	8. 6	9. 13	10. 9	11. 5	12. 15		7. 11	8. 10	9. 12	10. 7	11. 9	12. 5
13. 11	14. 7	15. 13	16. 5	17. 8	18. 6		13. 15	14. 14	15. 6	16. 8	17. 6	18. 13

Page 19

Set I						Set II					
1. 10	2. 14	3. 13	4. 7	5. 8	6. 5	1. 15	2. 9	3. 5	4. 12	5. 5	6. 9
7. 6	8. 15	9. 12	10. 11	11. 9	12. 11	7. 14	8. 13	9. 15	10. 8	11. 7	12. 6
13. 7	14. 6	15. 14	16. 10	17. 13	18. 8	13. 12	14. 10	15. 11	16. 7	17. 14	18. 15

Page 20

Set I						Set II					
1. 7	2. 10	3. 5	4. 9	5. 11	6. 6	1. 13	2. 9	3. 6	4. 14	5. 12	6. 5
7. 8	8. 12	9. 13	10. 14	11. 15	12. 15	7. 8	8. 13	9. 9	10. 10	11. 15	12. 6
13. 7	14. 10	15. 8	16. 5	17. 12	18. 11	13. 14	14. 11	15. 7	16. 15	17. 13	18. 14

Page 21

Set I						Set II					
1. 8	2. 7	3. 9	4. 0	5. 10	6. 6	1. 11	2. 8	3. 3	4. 15	5. 13	6. 2
7. 15	8. 12	9. 3	10. 10	11. 1	12. 8	7. 8	8. 7	9. 13	10. 4	11. 3	12. 10
13. 10	14. 11	15. 2	16. 5	17. 3	18. 9	13. 8	14. 3	15. 10	16. 11	17. 14	18. 6

Page 22

Set I						Set II					
1. 13	2. 9	3. 11	4. 7	5. 3	6. 4	1. 3	2. 7	3. 6	4. 13	5. 6	6. 7
7. 3	8. 10	9. 11	10. 9	11. 5	12. 7	7. 10	8. 11	9. 3	10. 11	11. 3	12. 8
13. 1	14. 9	15. 5	16. 13	17. 9	18. 7	13. 7	14. 11	15. 4	16. 10	17. 8	18. 13

Page 23

Set I						Set II					
1. 9	2. 8	3. 10	4. 4	5. 6	6. 12	1. 3	2. 13	3. 4	4. 13	5. 9	6. 4
7. 1	8. 4	9. 10	10. 6	11. 10	12. 10	7. 13	8. 11	9. 15	10. 3	11. 5	12. 8
13. 9	14. 15	15. 5	16. 7	17. 5	18. 3	13. 5	14. 7	15. 2	16. 11	17. 7	18. 7

Page 24

Set I						Set II					
1. 7	2. 9	3. 12	4. 13	5. 9	6. 2	1. 9	2. 8	3. 6	4. 6	5. 15	6. 4
7. 10	8. 7	9. 2	10. 7	11. 7	12. 0	7. 2	8. 7	9. 9	10. 13	11. 6	12. 8
13. 4	14. 11	15. 1	16. 14	17. 12	18. 6	13. 10	14. 3	15. 10	16. 6	17. 11	18. 2

Page 25

Set I						Set II					
1. 10	2. 12	3. 6	4. 1	5. 2	6. 9	1. 10	2. 3	3. 2	4. 4	5. 14	6. 7
7. 10	8. 14	9. 12	10. 7	11. 2	12. 8	7. 0	8. 7	9. 4	10. 4	11. 14	12. 12
13. 4	14. 15	15. 11	16. 3	17. 10	18. 10	13. 7	14. 7	15. 11	16. 2	17. 7	18. 2

Page 26

Set I						Set II					
1. 4	2. 8	3. 8	4. 7	5. 10	6. 2	1. 3	2. 11	3. 11	4. 10	5. 8	6. 11
7. 14	8. 4	9. 14	10. 4	11. 8	12. 11	7. 13	8. 6	9. 13	10. 3	11. 2	12. 9
13. 6	14. 10	15. 6	16. 0	17. 10	18. 3	13. 6	14. 10	15. 3	16. 6	17. 13	18. 13

Page 27

Set I						Set II					
1. 13	2. 6	3. 12	4. 14	5. 9	6. 16	1. 11	2. 14	3. 10	4. 7	5. 8	6. 11
7. 10	8. 11	9. 7	10. 15	11. 8	12. 12	7. 16	8. 14	9. 10	10. 6	11. 9	12. 7
13. 6	14. 9	15. 8	16. 15	17. 16	18. 13	13. 12	14. 13	15. 15	16. 11	17. 16	18. 14

Page 28

Set I						Set II					
1. 14	2. 9	3. 10	4. 8	5. 12	6. 15	1. 16	2. 15	3. 8	4. 14	5. 16	6. 12
7. 11	8. 6	9. 13	10. 16	11. 7	12. 11	7. 8	8. 13	9. 15	10. 14	11. 7	12. 10
13. 13	14. 10	15. 9	16. 12	17. 6	18. 7	13. 9	14. 6	15. 11	16. 14	17. 16	18. 15

Page 29

Set I						Set II					
1. 16	2. 13	3. 14	4. 12	5. 15	6. 7	1. 16	2. 7	3. 9	4. 11	5. 11	6. 8
7. 10	8. 9	9. 8	10. 11	11. 6	12. 13	7. 12	8. 15	9. 13	10. 10	11. 7	12. 6
13. 12	14. 8	15. 10	16. 15	17. 14	18. 6	13. 16	14. 9	15. 14	16. 7	17. 6	18. 10

Page 30

Set I						Set II					
1. 8	2. 10	3. 16	4. 9	5. 13	6. 6	1. 14	2. 12	3. 8	4. 16	5. 6	6. 10
7. 12	8. 11	9. 7	10. 14	11. 15	12. 13	7. 7	8. 16	9. 14	10. 13	11. 15	12. 9
13. 11	14. 15	15. 10	16. 9	17. 6	18. 7	13. 8	14. 11	15. 12	16. 12	17. 9	18. 14

Page 31

Set I						Set II					
1. 17	2. 9	3. 16	4. 14	5. 10	6. 15	1. 10	2. 13	3. 9	4. 8	5. 8	6. 12
7. 7	8. 13	9. 8	10. 12	11. 11	12. 15	7. 13	8. 16	9. 15	10. 7	11. 10	12. 9
13. 7	14. 12	15. 16	16. 14	17. 17	18. 11	13. 14	14. 17	15. 11	16. 13	17. 9	18. 17

Page 32

Set I						Set II					
1. 7	2. 14	3. 17	4. 8	5. 16	6. 15	1. 8	2. 10	3. 16	4. 7	5. 10	6. 16
7. 11	8. 10	9. 9	10. 12	11. 13	12. 13	7. 7	8. 13	9. 17	10. 12	11. 15	12. 14
13. 9	14. 14	15. 17	16. 11	17. 12	18. 15	13. 8	14. 9	15. 11	16. 9	17. 14	18. 8

Page 33

Set I						Set II					
1. 7	2. 13	3. 8	4. 15	5. 12	6. 10	1. 14	2. 10	3. 16	4. 8	5. 11	6. 17
7. 14	8. 9	9. 16	10. 17	11. 11	12. 15	7. 13	8. 14	9. 15	10. 12	11. 8	12. 9
13. 13	14. 7	15. 12	16. 9	17. 11	18. 17	13. 16	14. 7	15. 10	16. 11	17. 16	18. 12

Page 34

Set I						Set II					
1. 8	2. 7	3. 15	4. 9	5. 17	6. 10	1. 15	2. 10	3. 14	4. 13	5. 9	6. 7
7. 16	8. 13	9. 14	10. 12	11. 11	12. 11	7. 17	8. 14	9. 16	10. 10	11. 11	12. 13
13. 8	14. 16	15. 9	16. 12	17. 17	18. 7	13. 8	14. 12	15. 15	16. 13	17. 16	18. 8

Page 35

Set I						Set II					
1. 9	2. 15	3. 11	4. 17	5. 13	6. 18	1. 16	2. 11	3. 13	4. 15	5. 18	6. 11
7. 12	8. 8	9. 14	10. 16	11. 10	12. 8	7. 13	8. 8	9. 12	10. 17	11. 16	12. 14
13. 17	14. 18	15. 14	16. 10	17. 12	18. 9	13. 10	14. 15	15. 9	16. 12	17. 18	18. 11

Page 36

Set I						Set II					
1. 11	2. 10	3. 9	4. 17	5. 18	6. 15	1. 8	2. 10	3. 18	4. 16	5. 15	6. 8
7. 14	8. 13	9. 8	10. 12	11. 16	12. 12	7. 16	8. 10	9. 17	10. 14	11. 11	12. 12
13. 11	14. 17	15. 13	16. 14	17. 15	18. 9	13. 13	14. 18	15. 9	16. 15	17. 11	18. 17

Page 37

Set I						Set II					
1. 18	2. 13	3. 8	4. 10	5. 11	6. 14	1. 18	2. 8	3. 12	4. 16	5. 18	6. 16
7. 15	8. 9	9. 16	10. 17	11. 12	12. 15	7. 15	8. 13	9. 11	10. 14	11. 17	12. 9
13. 9	14. 17	15. 14	16. 11	17. 13	18. 10	13. 10	14. 8	15. 12	16. 14	17. 9	18. 10

Page 38

Set I						Set II					
1. 8	2. 9	3. 13	4. 14	5. 16	6. 17	1. 17	2. 10	3. 13	4. 16	5. 9	6. 13
7. 18	8. 11	9. 12	10. 10	11. 15	12. 15	7. 14	8. 18	9. 10	10. 12	11. 11	12. 15
13. 9	14. 14	15. 8	16. 11	17. 12	18. 18	13. 16	14. 8	15. 17	16. 11	17. 16	18. 17

Page 39

Set I						Set II					
1. 14	2. 10	3. 11	4. 18	5. 17	6. 15	1. 14	2. 11	3. 10	4. 19	5. 10	6. 18
7. 9	8. 16	9. 13	10. 19	11. 12	12. 9	7. 9	8. 15	9. 17	10. 13	11. 12	12. 14
13. 18	14. 17	15. 15	16. 12	17. 13	18. 16	13. 16	14. 19	15. 11	16. 15	17. 18	18. 14

Page 40

Set I						Set II					
1. 9	2. 15	3. 11	4. 10	5. 17	6. 13	1. 19	2. 18	3. 14	4. 16	5. 15	6. 13
7. 16	8. 18	9. 12	10. 19	11. 14	12. 17	7. 14	8. 19	9. 12	10. 11	11. 9	12. 16
13. 9	14. 11	15. 15	16. 12	17. 13	18. 10	13. 18	14. 10	15. 17	16. 9	17. 18	18. 11

Page 41

Set I						Set II					
1. 19	2. 16	3. 14	4. 12	5. 11	6. 17	1. 17	2. 9	3. 14	4. 13	5. 18	6. 19
7. 15	8. 13	9. 10	10. 9	11. 18	12. 15	7. 15	8. 16	9. 14	10. 10	11. 11	12. 13
13. 11	14. 16	15. 10	16. 19	17. 18	18. 12	13. 17	14. 9	15. 12	16. 17	17. 15	18. 12

Page 42

Set I						Set II					
1. 18	2. 19	3. 10	4. 15	5. 16	6. 13	1. 16	2. 18	3. 10	4. 17	5. 14	6. 17
7. 12	8. 11	9. 17	10. 14	11. 9	12. 19	7. 12	8. 10	9. 13	10. 9	11. 11	12. 18
13. 12	14. 14	15. 9	16. 15	17. 13	18. 11	13. 15	14. 16	15. 19	16. 9	17. 15	18. 17

Page 43

Set I						Set II					
1. 10	2. 14	3. 20	4. 11	5. 18	6. 15	1. 12	2. 11	3. 18	4. 17	5. 12	6. 13
7. 19	8. 16	9. 13	10. 12	11. 17	12. 14	7. 15	8. 17	9. 20	10. 16	11. 10	12. 19
13. 10	14. 19	15. 20	16. 13	17. 15	18. 16	13. 11	14. 18	15. 14	16. 17	17. 20	18. 16

Page 44

Set I						Set II					
1. 11	2. 18	3. 15	4. 17	5. 12	6. 16	1. 20	2. 18	3. 10	4. 12	5. 10	6. 15
7. 13	8. 20	9. 10	10. 14	11. 19	12. 17	7. 20	8. 11	9. 12	10. 18	11. 16	12. 19
13. 19	14. 15	15. 13	16. 16	17. 11	18. 14	13. 13	14. 17	15. 14	16. 11	17. 14	18. 20

Page 45

Set I						Set II					
1. 13	2. 15	3. 20	4. 19	5. 11	6. 17	1. 19	2. 16	3. 12	4. 15	5. 13	6. 11
7. 18	8. 14	9. 16	10. 12	11. 10	12. 14	7. 12	8. 19	9. 17	10. 20	11. 15	12. 10
13. 18	14. 11	15. 13	16. 17	17. 10	18. 20	13. 14	14. 16	15. 18	16. 17	17. 20	18. 16

Page 46

Set I						Set II					
1. 19	2. 11	3. 20	4. 17	5. 13	6. 10	1. 12	2. 15	3. 10	4. 16	5. 17	6. 10
7. 12	8. 14	9. 18	10. 15	11. 16	12. 14	7. 16	8. 13	9. 18	10. 12	11. 19	12. 15
13. 18	14. 17	15. 20	16. 19	17. 11	18. 13	13. 20	14. 11	15. 14	16. 10	17. 16	18. 18

Page 47

Set I						Set II					
1. 7	2. 6	3. 2	4. 20	5. 13	6. 9	1. 3	2. 13	3. 6	4. 8	5. 5	6. 13
7. 12	8. 10	9. 3	10. 18	11. 10	12. 20	7. 0	8. 12	9. 12	10. 9	11. 15	12. 7
13. 12	14. 10	15. 14	16. 9	17. 8	18. 7	13. 19	14. 5	15. 13	16. 13	17. 8	18. 9

Page 48

Set I						Set II					
1. 3	2. 9	3. 5	4. 6	5. 15	6. 14	1. 10	2. 7	3. 3	4. 8	5. 5	6. 11
7. 15	8. 15	9. 14	10. 12	11. 2	12. 10	7. 10	8. 4	9. 17	10. 17	11. 12	12. 13
13. 12	14. 10	15. 18	16. 16	17. 12	18. 4	13. 5	14. 4	15. 12	16. 14	17. 11	18. 16

Page 49

Set I

1. 7	2. 9	3. 18	4. 7	5. 15	6. 6
7. 6	8. 9	9. 9	10. 18	11. 6	12. 6
13. 3	14. 9	15. 9	16. 14	17. 11	18. 20

Set II

1. 14	2. 12	3. 9	4. 3	5. 8	6. 13
7. 11	8. 4	9. 16	10. 10	11. 8	12. 2
13. 16	14. 4	15. 18	16. 8	17. 16	18. 12

Page 50

Set I

1. 8	2. 12	3. 2	4. 12	5. 17	6. 10
7. 18	8. 7	9. 3	10. 9	11. 12	12. 12
13. 2	14. 11	15. 9	16. 7	17. 20	18. 9

Set II

1. 11	2. 6	3. 10	4. 13	5. 8	6. 14
7. 8	8. 8	9. 19	10. 8	11. 19	12. 10
13. 5	14. 9	15. 2	16. 17	17. 15	18. 13

Page 51

Set I

1. 10	2. 9	3. 20	4. 8	5. 12	6. 0
7. 8	8. 13	9. 13	10. 8	11. 9	12. 10
13. 12	14. 11	15. 11	16. 10	17. 15	18. 11

Set II

1. 11	2. 8	3. 6	4. 5	5. 7	6. 12
7. 3	8. 10	9. 17	10. 9	11. 10	12. 8
13. 18	14. 10	15. 6	16. 14	17. 13	18. 8

Page 52

Set I

1. 10	2. 13	3. 9	4. 13	5. 18	6. 1
7. 8	8. 4	9. 10	10. 10	11. 14	12. 5
13. 0	14. 9	15. 15	16. 17	17. 14	18. 9

Set II

1. 7	2. 7	3. 9	4. 18	5. 7	6. 11
7. 16	8. 1	9. 7	10. 9	11. 11	12. 9
13. 11	14. 18	15. 10	16. 3	17. 15	18. 15

Page 53

Set I

1. 20	2. 12	3. 15	4. 14	5. 16	6. 18
7. 13	8. 11	9. 19	10. 17	11. 19	12. 20
13. 13	14. 14	15. 12	16. 18	17. 16	18. 17

Set II

1. 15	2. 11	3. 11	4. 18	5. 17	6. 12
7. 15	8. 16	9. 19	10. 20	11. 14	12. 13
13. 20	14. 17	15. 11	16. 16	17. 14	18. 18

Page 54

Set I

1. 20	2. 14	3. 13	4. 15	5. 17	6. 11
7. 12	8. 18	9. 16	10. 19	11. 13	12. 14
13. 20	14. 18	15. 11	16. 17	17. 19	18. 15

Set II

1. 16	2. 12	3. 12	4. 11	5. 14	6. 19
7. 15	8. 13	9. 18	10. 17	11. 16	12. 20
13. 17	14. 20	15. 16	16. 19	17. 12	18. 13

Page 55

Set I						Set II					
1. 14	2. 20	3. 18	4. 19	5. 13	6. 16	1. 14	2. 12	3. 21	4. 18	5. 15	6. 13
7. 17	8. 12	9. 15	10. 21	11. 16	12. 19	7. 19	8. 17	9. 16	10. 14	11. 20	12. 12
13. 18	14. 13	15. 21	16. 20	17. 17	18. 15	13. 16	14. 17	15. 21	16. 13	17. 20	18. 12

Page 56

Set I						Set II					
1. 18	2. 14	3. 12	4. 13	5. 20	6. 17	1. 19	2. 15	3. 14	4. 13	5. 16	6. 12
7. 19	8. 21	9. 16	10. 15	11. 16	12. 18	7. 18	8. 20	9. 15	10. 19	11. 21	12. 17
13. 13	14. 17	15. 14	16. 12	17. 21	18. 20	13. 21	14. 20	15. 17	16. 12	17. 14	18. 15

Page 57

Set I						Set II					
1. 20	2. 18	3. 21	4. 14	5. 16	6. 15	1. 19	2. 13	3. 16	4. 17	5. 18	6. 14
7. 17	8. 13	9. 19	10. 22	11. 16	12. 21	7. 15	8. 19	9. 22	10. 21	11. 13	12. 20
13. 20	14. 17	15. 15	16. 22	17. 18	18. 14	13. 19	14. 14	15. 21	16. 22	17. 16	18. 15

Page 58

Set I						Set II					
1. 22	2. 13	3. 15	4. 20	5. 16	6. 19	1. 19	2. 13	3. 22	4. 14	5. 20	6. 17
7. 18	8. 14	9. 17	10. 21	11. 20	12. 17	7. 13	8. 19	9. 15	10. 16	11. 18	12. 21
13. 21	14. 14	15. 18	16. 15	17. 22	18. 16	13. 16	14. 14	15. 22	16. 17	17. 18	18. 19

Page 59

Set I						Set II					
1. 16	2. 20	3. 21	4. 14	5. 17	6. 15	1. 20	2. 16	3. 14	4. 18	5. 21	6. 20
7. 22	8. 23	9. 19	10. 18	11. 19	12. 14	7. 19	8. 22	9. 16	10. 15	11. 23	12. 17
13. 15	14. 21	15. 18	16. 17	17. 22	18. 23	13. 17	14. 23	15. 21	16. 19	17. 18	18. 14

Page 60

Set I						Set II					
1. 16	2. 20	3. 22	4. 17	5. 19	6. 23	1. 15	2. 17	3. 19	4. 17	5. 21	6. 23
7. 18	8. 15	9. 21	10. 14	11. 22	12. 16	7. 16	8. 22	9. 15	10. 14	11. 18	12. 20
13. 21	14. 14	15. 19	16. 20	17. 23	18. 18	13. 16	14. 23	15. 18	16. 14	17. 21	18. 19

Page 61

Set I						Set II					
1. 23	2. 20	3. 22	4. 16	5. 24	6. 15	1. 24	2. 17	3. 15	4. 24	5. 18	6. 16
7. 18	8. 19	9. 21	10. 17	11. 16	12. 18	7. 21	8. 23	9. 19	10. 17	11. 22	12. 20
13. 15	14. 21	15. 19	16. 20	17. 22	18. 23	13. 20	14. 21	15. 22	16. 23	17. 16	18. 18

Page 62

Set I						Set II					
1. 21	2. 22	3. 24	4. 18	5. 23	6. 17	1. 17	2. 22	3. 15	4. 18	5. 23	6. 17
7. 19	8. 20	9. 16	10. 15	11. 15	12. 23	7. 16	8. 24	9. 20	10. 19	11. 21	12. 22
13. 16	14. 19	15. 18	16. 20	17. 21	18. 24	13. 21	14. 22	15. 19	16. 16	17. 20	18. 24

Page 63

Set I						Set II					
1. 25	2. 17	3. 21	4. 23	5. 22	6. 16	1. 24	2. 20	3. 17	4. 20	5. 25	6. 18
7. 19	8. 18	9. 24	10. 20	11. 21	12. 16	7. 16	8. 19	9. 24	10. 23	11. 22	12. 21
13. 18	14. 19	15. 23	16. 25	17. 22	18. 17	13. 20	14. 21	15. 23	16. 22	17. 16	18. 25

Page 64

Set I						Set II					
1. 23	2. 25	3. 21	4. 20	5. 19	6. 24	1. 22	2. 16	3. 25	4. 18	5. 23	6. 22
7. 18	8. 16	9. 22	10. 17	11. 17	12. 25	7. 20	8. 21	9. 17	10. 24	11. 16	12. 19
13. 19	14. 21	15. 18	16. 24	17. 23	18. 20	13. 18	14. 23	15. 21	16. 17	17. 20	18. 19

Page 65

Set I						Set II					
1. 17	2. 17	3. 17	4. 22	5. 18	6. 22	1. 15	2. 22	3. 24	4. 18	5. 19	6. 14
7. 20	8. 17	9. 14	10. 18	11. 15	12. 15	7. 16	8. 16	9. 20	10. 20	11. 16	12. 20
13. 12	14. 23	15. 18	16. 22	17. 14	18. 19	13. 19	14. 12	15. 22	16. 18	17. 21	18. 20

Page 66

Set I						Set II					
1. 14	2. 18	3. 19	4. 15	5. 19	6. 17	1. 16	2. 18	3. 19	4. 22	5. 19	6. 14
7. 11	8. 19	9. 22	10. 24	11. 17	12. 20	7. 15	8. 18	9. 14	10. 19	11. 20	12. 18
13. 14	14. 19	15. 18	16. 20	17. 24	18. 18	13. 11	14. 17	15. 17	16. 17	17. 24	18. 19

Page 67

	Set I						Set II				
1. 19	2. 15	3. 19	4. 19	5. 18	6. 20	1. 20	2. 12	3. 18	4. 18	5. 17	6. 16
7. 16	8. 16	9. 24	10. 12	11. 19	12. 18	7. 19	8. 15	9. 18	10. 19	11. 23	12. 19
13. 25	14. 18	15. 22	16. 13	17. 16	18. 17	13. 18	14. 11	15. 20	16. 16	17. 20	18. 19

Page 68

	Set I						Set II				
1. 21	2. 15	3. 21	4. 13	5. 22	6. 20	1. 16	2. 17	3. 19	4. 15	5. 18	6. 24
7. 23	8. 13	9. 18	10. 18	11. 16	12. 13	7. 21	8. 19	9. 15	10. 15	11. 13	12. 24
13. 12	14. 18	15. 25	16. 22	17. 12	18. 22	13. 19	14. 13	15. 24	16. 12	17. 19	18. 18

Page 69

	Set I						Set II				
1. 17	2. 17	3. 19	4. 14	5. 21	6. 15	1. 21	2. 17	3. 16	4. 17	5. 15	6. 25
7. 14	8. 25	9. 22	10. 18	11. 20	12. 14	7. 16	8. 16	9. 19	10. 15	11. 19	12. 20
13. 22	14. 24	15. 16	16. 16	17. 16	18. 14	13. 15	14. 15	15. 20	16. 21	17. 15	18. 20

Page 70

	Set I						Set II				
1. 14	2. 17	3. 19	4. 13	5. 17	6. 24	1. 19	2. 21	3. 15	4. 19	5. 16	6. 13
7. 20	8. 20	9. 15	10. 17	11. 16	12. 19	7. 21	8. 22	9. 21	10. 19	11. 21	12. 13
13. 21	14. 16	15. 21	16. 20	17. 13	18. 18	13. 12	14. 17	15. 20	16. 16	17. 23	18. 13

Page 71

	Set I						Set II				
1. 23	2. 22	3. 26	4. 20	5. 21	6. 18	1. 19	2. 25	3. 25	4. 21	5. 17	6. 22
7. 24	8. 17	9. 25	10. 19	11. 24	12. 23	7. 19	8. 24	9. 18	10. 20	11. 26	12. 23
13. 26	14. 20	15. 21	16. 17	17. 22	18. 18	13. 21	14. 23	15. 18	16. 19	17. 17	18. 20

Page 72

	Set I						Set II				
1. 22	2. 19	3. 25	4. 26	5. 23	6. 20	1. 20	2. 18	3. 21	4. 23	5. 26	6. 20
7. 24	8. 18	9. 17	10. 21	11. 25	12. 23	7. 22	8. 25	9. 24	10. 19	11. 17	12. 18
13. 17	14. 26	15. 21	16. 19	17. 24	18. 22	13. 18	14. 26	15. 17	16. 25	17. 23	18. 20

Page 73

Set I						Set II					
1. 20	2. 23	3. 25	4. 27	5. 24	6. 18	1. 19	2. 27	3. 21	4. 18	5. 25	6. 20
7. 22	8. 26	9. 19	10. 21	11. 23	12. 20	7. 23	8. 27	9. 26	10. 22	11. 24	12. 19
13. 22	14. 24	15. 21	16. 18	17. 25	18. 26	13. 23	14. 27	15. 20	16. 21	17. 18	18. 22

Page 74

Set I						Set II					
1. 19	2. 23	3. 24	4. 22	5. 27	6. 25	1. 24	2. 21	3. 26	4. 25	5. 22	6. 21
7. 21	8. 20	9. 26	10. 18	11. 18	12. 20	7. 27	8. 24	9. 23	10. 20	11. 18	12. 19
13. 19	14. 27	15. 25	16. 26	17. 23	18. 22	13. 21	14. 19	15. 25	16. 23	17. 22	18. 24

Page 75

Set I						Set II					
1. 21	2. 22	3. 19	4. 24	5. 23	6. 28	1. 26	2. 21	3. 21	4. 24	5. 19	6. 26
7. 26	8. 27	9. 25	10. 20	11. 22	12. 19	7. 20	8. 27	9. 23	10. 22	11. 25	12. 28
13. 23	14. 28	15. 25	16. 27	17. 20	18. 24	13. 20	14. 25	15. 21	16. 27	17. 24	18. 22

Page 76

Set I						Set II					
1. 22	2. 19	3. 26	4. 27	5. 23	6. 24	1. 27	2. 24	3. 21	4. 20	5. 26	6. 25
7. 20	8. 25	9. 28	10. 21	11. 26	12. 22	7. 23	8. 19	9. 24	10. 27	11. 28	12. 22
13. 25	14. 23	15. 28	16. 21	17. 20	18. 19	13. 21	14. 25	15. 23	16. 24	17. 19	18. 28

Page 77

Set I						Set II					
1. 24	2. 27	3. 22	4. 23	5. 20	6. 28	1. 26	2. 29	3. 27	4. 24	5. 20	6. 28
7. 26	8. 21	9. 29	10. 25	11. 22	12. 20	7. 29	8. 23	9. 22	10. 25	11. 21	12. 26
13. 24	14. 27	15. 23	16. 25	17. 28	18. 21	13. 28	14. 22	15. 25	16. 21	17. 26	18. 23

Page 78

Set I						Set II					
1. 27	2. 26	3. 22	4. 28	5. 23	6. 25	1. 27	2. 21	3. 24	4. 20	5. 25	6. 28
7. 21	8. 24	9. 29	10. 20	11. 22	12. 29	7. 22	8. 26	9. 27	10. 21	11. 29	12. 23
13. 25	14. 23	15. 26	16. 20	17. 28	18. 24	13. 21	14. 29	15. 22	16. 27	17. 20	18. 25

Page 79

Set I						Set II					
1. 29	2. 15	3. 26	4. 12	5. 20	6. 20	1. 17	2. 15	3. 27	4. 29	5. 26	6. 22
7. 24	8. 17	9. 24	10. 18	11. 19	12. 17	7. 13	8. 17	9. 25	10. 18	11. 22	12. 17
13. 18	14. 23	15. 23	16. 22	17. 23	18. 19	13. 28	14. 22	15. 18	16. 19	17. 17	18. 14

Page 80

Set I						Set II					
1. 20	2. 14	3. 21	4. 22	5. 27	6. 21	1. 24	2. 27	3. 16	4. 16	5. 19	6. 13
7. 18	8. 28	9. 17	10. 17	11. 21	12. 23	7. 22	8. 20	9. 27	10. 16	11. 21	12. 24
13. 21	14. 27	15. 14	16. 12	17. 18	18. 25	13. 26	14. 24	15. 18	16. 11	17. 19	18. 21

Page 81

Set I						Set II					
1. 15	2. 26	3. 11	4. 20	5. 17	6. 21	1. 27	2. 25	3. 20	4. 18	5. 25	6. 24
7. 25	8. 25	9. 28	10. 20	11. 18	12. 22	7. 17	8. 20	9. 19	10. 19	11. 22	12. 14
13. 17	14. 12	15. 17	16. 22	17. 22	18. 24	13. 14	14. 25	15. 22	16. 17	17. 23	18. 23

Page 82

Set I						Set II					
1. 23	2. 19	3. 16	4. 22	5. 14	6. 21	1. 14	2. 18	3. 29	4. 23	5. 21	6. 18
7. 21	8. 23	9. 18	10. 23	11. 23	12. 26	7. 21	8. 19	9. 23	10. 20	11. 18	12. 16
13. 25	14. 24	15. 18	16. 13	17. 23	18. 23	13. 19	14. 25	15. 17	16. 13	17. 19	18. 20

Page 83

Set I						Set II					
1. 7	2. 2	3. 19	4. 22	5. 10	6. 7	1. 3	2. 16	3. 10	4. 11	5. 12	6. 14
7. 16	8. 16	9. 28	10. 15	11. 24	12. 17	7. 23	8. 29	9. 8	10. 18	11. 21	12. 13
13. 7	14. 19	15. 24	16. 9	17. 19	18. 24	13. 11	14. 7	15. 25	16. 15	17. 18	18. 16

Page 84

Set I						Set II					
1. 19	2. 11	3. 11	4. 2	5. 13	6. 13	1. 24	2. 8	3. 16	4. 17	5. 6	6. 25
7. 20	8. 16	9. 23	10. 16	11. 21	12. 18	7. 23	8. 14	9. 19	10. 14	11. 7	12. 24
13. 17	14. 8	15. 1	16. 5	17. 24	18. 26	13. 11	14. 4	15. 16	16. 4	17. 12	18. 14

Page 85

	Set I						Set II				
1. 0	2. 6	3. 15	4. 18	5. 15	6. 23	1. 22	2. 8	3. 20	4. 11	5. 22	6. 10
7. 10	8. 9	9. 9	10. 11	11. 16	12. 13	7. 8	8. 19	9. 12	10. 21	11. 11	12. 22
13. 12	14. 28	15. 11	16. 14	17. 26	18. 26	13. 15	14. 27	15. 11	16. 9	17. 15	18. 2

Page 86

	Set I						Set II				
1. 18	2. 22	3. 11	4. 14	5. 19	6. 11	1. 4	2. 26	3. 25	4. 4	5. 11	6. 8
7. 13	8. 16	9. 18	10. 11	11. 19	12. 7	7. 6	8. 6	9. 7	10. 25	11. 11	12. 18
13. 13	14. 23	15. 19	16. 7	17. 15	18. 6	13. 15	14. 18	15. 10	16. 21	17. 21	18. 15

Page 87

	Set I						Set II				
1. 10	2. 25	3. 20	4. 10	5. 8	6. 10	1. 17	2. 20	3. 5	4. 17	5. 18	6. 7
7. 9	8. 19	9. 8	10. 24	11. 0	12. 17	7. 18	8. 17	9. 22	10. 7	11. 12	12. 16
13. 24	14. 26	15. 14	16. 20	17. 14	18. 12	13. 11	14. 26	15. 27	16. 20	17. 7	18. 12

Made in the USA
Columbia, SC
08 February 2018